ピークレス都市東京

著者：中村 文彦・三浦 詩乃・三牧 浩也
本間 健太郎・相 尚寿・北崎 朋希

近代科学社Digital

はじめに

　本書は、2020年度からの3か年で実施された、三井不動産株式会社と国立大学法人東京大学との共同研究成果のうち、コロナ禍における東京での住まい方や働き方の変化と課題に関する研究成果の一部を研究グループ有志でとりまとめ、未来の東京のあり方へのメッセージを添えたものである。この3か年の、産学協創による三井不動産東大ラボという形で進められている研究体制の中では、我々のテーマのほかにも、データ活用による都市サービスの実現手法、AIスタートアップにおける関係性資産の解明、都市の持続性評価システムの構築、未来予想誘導アルゴリズムによる車の渋滞の解消、経年優化のメカニズム解明とデザイン・マネジメント手法の構築といったテーマが並行して展開されてきた。我々は、研究体制の中の一つのグループとして三井不動産社員と東京大学教員からなるメンバーで研究を進め、2021年度からは、「ピークレスな都市」をメインタイトルとして研究を開始した。

　ピークレスの意味するところと、そのキーワードをもとに展開した議論の概要を以下に紹介する。世界有数の人口集積地であり、さまざまな経済活動が行われる大都市東京は、さまざまな機会を生み、豊かなサービスや体験を提供してきた。この集積を支えてきた鉄道網や充実したインフラ、優れた建築や都市空間は、東京の貴重な資産と言える。一方、郊外に暮らし毎日都心に通う従来の一様な働き方は、極端な集中すなわち「ピーク」を生み、朝の通勤ラッシュに代表される弊害も生み出してきた。働く場所は都心に高密度に集中し、ほぼ一斉に就業を開始するため、同じ時間帯の鉄道に通勤需要が集中する。ピークは、このように1日の間で極めて限られた時間帯に移動が集中することによって発生する。鉄道事業者はピークにあわせてインフラの容量を確保する必要があることから、移動需要の時間的・空間的な偏りが大きくなればなるほど非効率な投資が必要となる。これまでも、都心居住、郊外へのオフィス移転、フレックスタイム制、時差出勤等のさまざまな試みがなされてきたが、必ずしも大きな変革をもたらしてきたわけではなかった。

　しかし、2020年のコロナ禍によって働き方や生活の変革が進み、緊急事

態宣言下では、大都市における通勤ピーク時の混雑もいったんは解消した。オンライン化が進む中、時間や場所に縛られない働き方、個人の人生観や家族との時間を優先した暮らし方が浸透しつつある。このように価値観が変化しつつある今のタイミングは、都市の活動密度を適度に分散させ、東京の都市構造を再編集することで、既存の集積価値を次の時代に向けさらに高めていく、いわば東京を「ピークレス」なまちへと経年優化していく好機とも言える。

　コロナ禍の緊急事態宣言からおよそ3年を経て、多くの企業が働き方の見直しに取り組んだ。その動きに呼応して、フレキシブルオフィスとも称されるサテライトオフィスの供給量が増え、その立地分布も広がった。また、働き方の選択肢が増えていく中で、対面でのコミュニケーションが必要な場面が明確になり、それに応じて必要な移動が復活し、通勤時間帯の移動需要に関していえば、ある程度の揺り戻しもみられる。一方、鉄道事業者各社は乗降客数の激しい変化の中で大幅なダイヤ改正に取り組み、その中で有料着席サービスの強化が進められている。また、国土交通行政サイドの理解とともに、オフピーク誘導に向けた柔軟な運賃体系の導入も始まりつつある。

　このように、企業、開発事業者、そして鉄道事業者は、しなやかに状況の変化に対応し、ピークレスの具現化とその持続に向けて動いているものの、そこにはこれからの課題も見えてきている。例えば、テレワークの進展や働き方制度変革によって通勤量の減少はある程度進みつつあるが、オフピーク時間帯への通勤需要の時間帯シフト、通常とは反対方向への混雑を避けた通勤、いわゆるリバースコミューティングについては、既存の企業や鉄道事業者単独の取り組みでは発現が難しく、実際に十分には展開できていない。

　本書では、東京に集積する企業の意識の変化、それに伴うワーカーの生活様式の変化によってピークレスな都市が実現するという流れが、コロナ禍を経てある程度具現化できつつあることを提示したうえで、その持続や拡大の方向はどのようなものか、その実現に向けて企業やワーカーのさらなる変化を促すためには、開発事業者と鉄道事業者がどのように連携していくことが望ましいのかを考察する。

ピークレスが目指すべき基本的な方針は、①テレワークの拡大が東京の移動総量の減少や都市活力の縮小停滞ひいては鉄道事業の衰退に向かわないようにすること、②働き方の選択肢の拡大により生まれた余裕や自由を都市の魅力やビジネス活力の向上、インクルーシブ社会やレジリエントな環境の実現につなげること、③時空間分散を定着させ同時刻一律通勤への回帰をある程度抑制することである。そしてその先に描かれるのは、多様な働き方や通勤方法によるゆとりが雇用を惹きつける東京、より快適な通勤方法が選択でき、子育て世代・女性・高齢者をはじめより多様な人々がさまざまな形で社会参加できる東京、活動の過度な同時集中の解消によって得られた余裕分を活用した危機対応能力が強化される強靭な東京、無理せず生きていける健康的な生活を選択でき健康長寿社会を実感できる東京、社会全体の生産額増大から人々の活力が増加し、税収増による教育福祉の充実した住みやすい東京の姿である。

　本書は必ずしも時系列に沿った構成ではなく、まず書名にもある「ピークレス」という考え方や意味するところを述べたうえで、コロナ禍を経て、東京における住まい方や働き方がどう変化したか、また企業そしてワーカー等の意識や行動がどのように変化したかを、我々独自の調査結果を中心に紹介する。それらから得られた示唆を整理し、東京の都心と郊外の未来像をどう描くか、その道筋はどのようなものであるべきかを、既にある動きを踏まえながら方向性を示す。東京がピークレスな都市へと変革していくために関係事業者がともに取り組むうえで、本書がその一助となれば幸いである。

謝辞

　この本の出版に際しては、多くの方にお世話になりました。三井不動産東大ラボでの活動においては、東京大学側ラボ長の東京大学副学長・教授吉村忍先生、三井不動産株式会社側ラボ長の三井不動産株式会社ソリューションパートナー本部産学連携推進部部長湯川俊一様、ラボの立ち上げからピークレスWGスタートまでご支援いただいた東京大学大学院新領域創成科学研究科長・教授出口敦先生に大変お世話になりました。ピークレスWGの研究活動においては、前述の湯川俊一様、そして三井不動産株式会社ソリュー

ションパートナー本部産学連携推進部統括大森啓史様には、研究推進で大変お世話になったほか、出版についても多大なるご支援をいただきました。

なお、3.3節のサテライトオフィスの立地分析では、東京大学空間情報科学研究センターが提供するアドレスマッチングサービス（https://geocode.csis.u-tokyo.ac.jp/home/csv-admatch/2023年2月8日最終閲覧）を利用させていただきました。

　お世話になったみなさまに心より感謝申し上げます。みなさまのご理解とご支援があって、なんとか出版までこぎつけることができました。著者一同、この2年間で学んだことを糧に、今後の研究活動に精進していく所存です。引き続きのご指導ご鞭撻を賜れれば幸いです。ありがとうございました。

2023年2月吉日
著者一同

目次

第4章　企業の変化

第5章　ワーカーの変化

第6章　東京の通勤鉄道の変化

第7章　コロナ禍からの学び

第8章　コロナ禍の3年間の総括と未来への示唆

第1章
ピークレス都市について

1.1　ピークレスとは何か

　本章では、本書の表題にもある「ピークレス都市」の「ピークレス」の考え方について紹介する。高度成長期を経て、東京などの大都市圏では、朝は郊外から都心方向に、夕刻は逆方向に出勤・帰宅の移動が集中し、特に鉄道路線では極めて深刻な混雑状態を発生させていた。横軸を時間帯、縦軸を移動量として、需要が集中する時間帯をグラフで描くと、朝夕の時間帯に山のように尖った形になる。このため、この時間帯はピークあるいはピーク時間帯と呼ばれるようになった。コロナ禍前からオフピーク通勤という用語が使われていたが、これは個々の通勤者がピーク時間帯から外れた時間帯に移動することを意味する。その結果、グラフ上でピークの位置にあった移動量が動くことはピークシフトと呼ばれる。なお、グラフ上でピークの部分を切り取るような施策はピークカットと呼ぶが、カットされた部分の移動の行方に関しては議論されていない場合が多いようである（図1.1）。

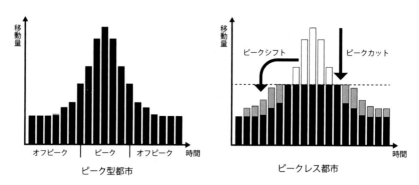

図1.1　ピークレス都市の考え方

　コロナ禍、特に緊急事態宣言下において、通勤需要はいったん大きく減少した。これは、通勤者が出勤や帰宅の時刻を変更するオフピーク通勤とは異なるため、ピークシフトではない。在宅勤務への切り替えや本社以外のオフィスへの通勤というような通勤移動の目的地の切り替えや、都心ま

での出社回数の削減等が組み合わさった結果である。2022年現在、通勤需要はかなり回復しているものの、完全に元通りになったわけではない。本書で着目するのは、その変化の実態である。いま起きている変化を客観的に考察し、前向きに解釈することで、東京がこれから目指すべき姿が描けないだろうか。この文脈の中で、筆者らは、「ピークレス」という用語を使うこととした。「レス」とは、本来は、より小さいあるいはより少ないという比較級として用いられる英単語である。ここでは、ピークの尖り具合が小さくなることをピークレスと表現し、ピークレスな都市の特徴や通勤ピークの尖り具合が小さくなることに与えるべき意味を、以下のように整理した。

　移動には必ず目的があるので、移動需要は目的となる活動（本源的活動）からの派生需要であると言える。移動需要が特定の時間・特定の区間に集中するのは、本源的活動が特定の時間・特定の場所に集中することに起因する。通勤需要の本源的活動は勤務であり、勤務地が東京都心に集中し、就業開始時刻がどの企業でもほぼ同時であるため、通勤需要が集中してピークが尖っていたのである。したがって、ピークレスのためには活動の時空間的分散を進めることになる。

　緊急事態宣言下では、確かにピークの尖り具合は大幅に小さくなったものの、同時に多くの社会経済活動が停滞し、個人の心身の健康状態に至るまでさまざまな問題を発生させた。これが都市の目指すべき姿でないことは自明である。従前のような過酷な混雑には戻すべきでないものの、移動に代表される都市活動が停滞する縮小均衡も望ましくない。都市の活力と人々の活力とを単純なトレードオフで考えるのではなく、あくまで双方を維持・向上させていきたい。抽象的な表現になるが、ピークレス化に伴う効果を都市にもプラスになるように再配分することができれば、より望ましいと言えるだろう。

1.2　ピークレスの具現化

　ピークレスな社会を定義するための代表的な指標として、ピーク時の鉄道混雑率が挙げられる。混雑率は、居住地と勤務地の分布や通勤率、通勤時間帯の偏り、通勤交通手段、鉄道輸送力など、さまざまな要因で決定されるものである。混雑率の低減は、ウェルビーイングの向上や社会的包摂性、労働生産性などさまざまな効果につながる。しかし、後に述べるとおり「ピーク時においてどの程度の混雑率を許容すべきか」という問いに対する首都圏の大手鉄道会社へのヒアリングからは、各社ともに、極端に混雑率を下げる、例えば全員着席を目指すといったことは、廉価での大量輸送手段としての鉄道事業の役割から現実的ではないという率直な意見が聞かれた。

　それでは混雑率はどの程度に設定するのが適切なのであろうか。一つの指標として挙げられるのが、150％、すなわち「肩が触れ合う程度で新聞は楽に読める（スマートフォンの操作は楽にできる）」程度という水準である。この150％という数値は運輸政策審議会の答申（1992年 答申第21号）で掲げられた目標でもあり、極端な混雑状態を回避する一つの目標値と考えられる。2019年度時点で東京都市圏全体の主要区間の平均混雑率は163％となっていたが、東急電鉄田園都市線、JR東日本の東海道線、横須賀線、中央線、総武線などでは軒並み180％以上、中には190％以上の区間もあった。コロナ禍を経た2021年度は全ての区間で150％以下を達成したという発表もあるものの、2022年現在、通勤は回復基調にある。そこで本書では、運行本数はコロナ禍前の水準を維持しつつ、通勤移動量の削減と朝7時から9時の間での平準化によって朝のピーク時混雑率を全ての路線・区間で、将来にわたって持続的に150％以下とし、通勤が東京のワーカーの心身に過度な負担をかけ続けてきた状態を脱却することを基本目標の一つとする。

　併せて重要になるのは、グリーン車のような着席可能性の高い車両の併結、事前に座席を予約できる列車の運行等、追加費用を払うことでより快適な移動ができる選択肢の充実である。その実現可能性は鉄道事業者や路線

の状況によるものの、これによって鉄道利用の選択性は大きく拡大し、例えばベビーカーを押した子育て層など、いままで朝ピーク時の移動を我慢していた層も含むより多くの移動ニーズに対応することができる。そのうえで、沿線のまちづくりを通じて、文化的な活動や社会人の学びなど通勤や通学以外の多様な活動目的（本源的需要）をつくり出し、これらを交通サービスと組み合わせることで、通常の通勤や通学とは異なる時間帯、区間あるいは方向で新たな移動（派生需要）を生み出すことを目指すのである。車両や線路・駅施設等の鉄道の有するストックの効果的な活用は、鉄道事業の収益改善にも貢献する。

　ピークレス社会の実現には、駅などの交通結節点のあり方も重要である。例えば東京都市圏の豊洲駅や武蔵小杉駅では、極端な混雑ゆえに朝ピーク時の駅入場規制が定常的に行われており、そのこと自体が通勤ストレスの一因にもなっていたと思われる。駅などの交通結節点は人々の生活拠点と重なることも多く、移動に与える影響は大きい。大規模な混雑や入場規制は避けるべきであるものの、人が集まりたくなるような駅であり続けることが望ましい。サテライトオフィスの効果的な配置もポイントである。郊外居住者と都心寄り居住者それぞれの、時間帯の違いも含めたさまざまな通勤パターンを想定しながら、最寄り駅や中間拠点駅（急行等停車駅）それぞれに利用可能なサテライトオフィスを戦略的に配置することで、結果的に、例えば都心に8時半前後に到着するという従来の画一的な需要が、時間帯、区間、頻度の観点で多様に分散できる可能性がある。

1.3　多様な選択肢のある魅力的な都市へ

　東京という大都市の「ピーク」をつくってきたオフィスワーカーの通勤に着目すると、人々の活動の時空間的な分散が進む「ピークレス都市東京」では、特にワーカーの働き方の変化、住む場所、働く場所、そして通勤行動の変化が重要な要素となることは自明である。これまでの多くの交通政策に関連する研究では、この通勤行動を決めるのは個々の通勤者の意思で

あるという仮説がとられることが多かったが、実際には、勤務先である企業の考え方や制度、鉄道事業者のサービス状況、そして、ディベロッパー等の開発事業者の都心や郊外での開発戦略が大きく関連している。

　コロナ禍において、企業からワーカーへの指示によりテレワークが大きく推進された。その結果として、在宅勤務、サテライトオフィスの活用、そもそものライフスタイルの変化までもが発生し、通勤需要は減少した。その結果、鉄道事業者は、長年言われ続けていた通勤混雑緩和問題については大きく前進したものの同時に大きく減収し、これまでのような通勤需要頼みの経営だけでは済まされない時代を迎えた。前述した有料優等列車や着席有料車両の導入は、減便した線路容量の余裕を活かしつつ収入を増やす方向性の一つと言える。また、運賃改定や、時間帯や利用回数を限定した新しい種類の定期券の発売等も、増収のための新しい方向と言える。

　テレワークの推進など、コロナ禍によって実施されたことの中には、コロナ禍以前から課題とされていたものが多い。それらが一気に実現し、反動は生じたものの、東京を含む都市に大きな変化をもたらした。企業の対応はより多様になっていくと思われるが、総じて東京は多様な選択肢が用意された大都市へと変化しているものと言える。

第2章

東京一極集中

2.1　通勤混雑の変遷

　高度経済成長期と言われる1960年代以降、東京都心へのオフィス集中が進み、ワーカーらの居住地は、既に十分に整備されていた放射方向の通勤鉄道路線に沿って急速に郊外化していった。通勤は遠距離化し、通勤時間の平均値の増加をもたらした。さらに、自律的に同調行動をとる傾向の強い日本人の文化的な背景からか、通勤移動において朝の都心側への到着時刻が非常に集中する傾向が続いた。こうして全体の移動量が増大し、都心にオフィスが集中するにしたがって、都心への通勤混雑は増大していった。列車の座席数と立ち席スペース数をもとにした、列車定員に対して実際に乗車している人数を、混雑率という。日本民営鉄道協会が示す数字の目安は以下のとおりである [1]。

100％：定員乗車。座席につくか、吊り革につかまるか、ドア付近の柱に
　　　　つかまることができる。
150％：肩が触れ合う程度で、新聞は楽に読める。
180％：体が触れ合うが、新聞は読める。
200％：体が触れ合い、相当な圧迫感がある。しかし、週刊誌なら何とか
　　　　読める。
250％：電車が揺れるたびに、体が斜めになって身動きできない。手も動
　　　　かせない。

　東京都都市整備局「東京の都市づくりのあゆみ」[2] に基づき、具体的な数値を示すと、1955年から1965年の10年間に東京の家賃は約6倍となり、賃金の伸びを大きく上回った。住宅地の地価は高騰し、職場と居住地との遠隔化が進み、多摩地域や他県からの東京区部への通勤・通学者が10年間で83万人も増加した。1965年には、最混雑区間の混雑度は、当時の国鉄の場合、横須賀線の307％を筆頭に、主要路線は全て物理的な限界と言われる300％近くに達した。
　国鉄は放射状に伸びる5方面の路線を複々線化するなどして輸送力増強

策を計画・実行していき、1975年以降、大都市圏での混雑率の推移は大幅に改善されていった（図2.1）。その結果、東京都市圏では、コロナ禍前までに混雑率は安定してきたものの、160％台を下回ることはなかった。

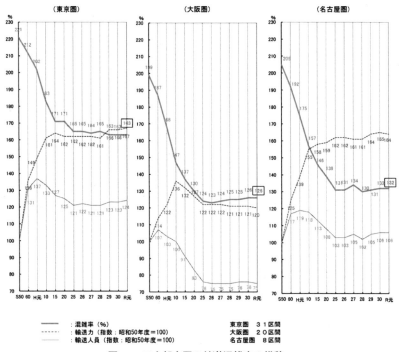

```
: 混雑率（％）              東京圏　３１区間
: 輸送力（指数：昭和50年度＝100）   大阪圏　２０区間
: 輸送人員（指数：昭和50年度＝100）  名古屋圏　８区間
```

図2.1　三大都市圏の鉄道混雑率の推移 [3]

　自動車の場合は、定員を超えた乗車は道路交通法の違反になり、取締りの対象となる。しかし公共性の高い日本の鉄道では、定員を超えた乗車について違法取締りという扱いはせず、混雑率の低下に向けての施策実施が課題として指摘されるにとどまっている。その根底には、日本の高度経済成長のためには都心への労働力の集中こそが重要であり、我慢強い日本人は通勤鉄道の混雑を耐え抜くことができる、という考え方があったように思われる。鉄道事業者側から見ても、混雑を緩和するための諸施策には相応のコストがかかるうえ、利用者や収益の増加に直接的につながるわけでもないため、現行以上の混雑緩和には積極的には取り組めないままであっ

たと言える。ちなみに、同じように鉄道が充実していると言われるドイツ
と比較しても、日本の鉄道における混雑のピークは大きい（図2.2）。

　本章では、世界でも例のない安全で正確なサービスを持続している鉄道
ネットワークがモータリゼーションに先行して整備されてきた東京につい
て、その構造と変遷、意味するところを、既存資料に基づきながら考察する。

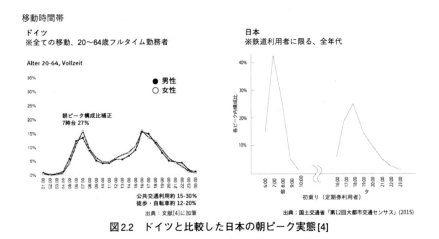

図2.2　ドイツと比較した日本の朝ピーク実態[4]

2.2　鉄道網を基盤として発展してきた東京の都市構造

　東京都市圏は、半径約50kmに及び人口3800万人を擁する、世界有数の
大都市圏である。東京は高度に発達した鉄道網によって、郊外から多くの
ワーカーを都心に運ぶ形で発展してきた。世界の大都市と比較してもその
人口分布は特徴的である。都心部には極めて高密な業務集積があり居住人
口密度が低く、居住地は郊外エリアに一定密度以降で広く外延化している。

　図2.3は、OECDのCities in the World A new perspective on
urbanizationによるもので、東京の人口増加傾向と、先進国の中において
高い人口密度であることが理解できる。図2.4は、世界の大都市の国全体

の人口に占める割合について、欧米各国およびアジア各国で比較を行った
ものである。東京の人口集中の度合いは欧米の首都圏と比べても高く、ア
ジアの中でも韓国に次いで高い。

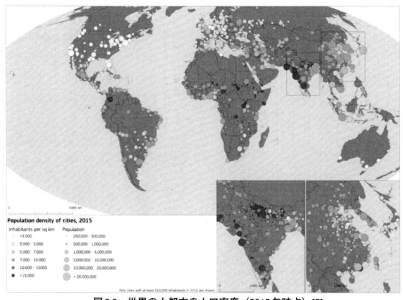

図2.3　世界の大都市の人口密度（2015年時点）[5]

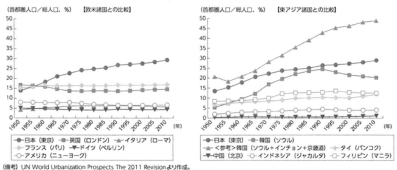

図2.4　世界各国の首都圏人口が総人口に占める割合の推移[6]

　東京都市圏（東京都・埼玉県・千葉県・神奈川県）全体では、戦後一貫し
て人口は増え続け、特別区（東京23区）内を中心に人口集中が進んだ（図
2.5）。1960年代以降は、高度経済成長とともに東京に大量に労働力が流入
し、その受け皿として郊外部で大規模ニュータウン開発が進み、多摩地域
や埼玉・千葉・神奈川の3県で人口が急増した。1980年代以降、多摩地域
の人口増は落ち着くが、3県では引き続き1990年代まで人口増が続いた。
こうした郊外化を受けて、特別区では1970年代以降1990年代までは人口
は減少傾向にあったが、2000年を境に人口増に転じている。現在では、タ
ワーマンションに代表される都心部の新たな住宅開発を背景に都心回帰が
進んでおり、東京都市圏全体の人口増をけん引している状況にある。

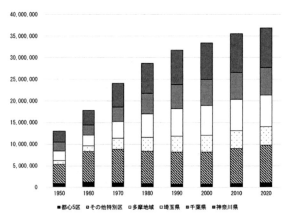

図2.5　1都3県の人口推移（各年次の国勢調査より作成）

　また、人口集中に伴い、既成市街地の高密化や無秩序な市街地拡大が急
激に進展した。これらへの対応を図るべく1956年に首都圏整備法が制定
され、1958年の第1次首都圏基本計画から1999年の第5次首都圏基本計
画まで、5つの計画が策定された。これらはその時々の時代の趨勢をとら
えながらも、基本的には既成市街地への人口・業務集中を抑制しつつ、近
郊において緑地を保全しながら無秩序な拡大を抑え、その外側に産業集積・
業務機能の誘導を図ることで東京都市圏の中枢機能の分散化を目指してい
た。1986年の第4次首都圏基本計画では、横浜・川崎、千葉、浦和・大宮、

八王子・立川などが業務核都市として指定され、業務機能を誘導する新都心開発（みなとみらい21地区、幕張新都心、さいたま新都心など）が推進された。東京都市圏に日本全体の経済活動が集中する中で、これらの取り組みによって、東京都市圏内における業務機能の分散においては一定の成果を上げた。その後、バブル崩壊後の経済低迷状態を経た2000年以降においては、都市再生の名のもとさまざまな規制緩和がなされ、都心部において民間主導の大規模再開発が進行している。東京都市圏全体の人口規模が拡大基調から成熟・縮小へと向かいつつあり、業務核都市を含む近郊の拠点都市も、東京都心部の個別エリアも、それぞれが再生をうたい個別に競い合っている状況にある。現在の趨勢としては都心回帰傾向であり、働く場としての都心は改めて強い地位を示している。

　わが国では近代化以降、第二次世界大戦の前までの間に、郊外鉄道の将来性を見越した投資家の手によって民間私鉄会社が設立され、積極的に鉄道整備が進められた。これにより、1920年代までには、山手線を中心に郊外に放射状に私鉄が延びる東京の鉄道網の骨格が概ねできあがっていた。これらが戦後の高度成長期の東京の拡大を支えるインフラとなり、既存路線の複線化や立体化、大規模な住宅供給を目指したニュータウン開発等と一体となった路線の拡充・延伸、都心部への相互乗り入れなど、郊外部の人口の増加に対応して輸送力の増強や都心アクセスの円滑化が進められた。東京の都市構造は郊外鉄道路線とともに形づくられてきたと言えよう。

　このような成り立ちを持つ東京では、当然ながら「郊外に住み都心に通勤する」ライフスタイルが主流となる。図2.6に示すように、全体で見ると東京都市圏のワーカーの40％程度が特別区内で働いている。特別区内に住むワーカー数が全体の24％程度であることを考えると、それ以外の15％程度が多摩地域や周辺県から特別区に通勤していることがわかる。東京都市圏の人口が極めて巨大な中で、大きく広がる郊外に対する都心部のコンパクトさを考慮すると、郊外から都心への通勤・通学のボリュームは大きい。

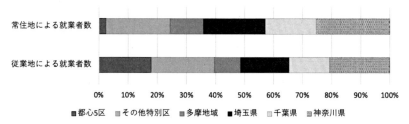

図2.6　東京都市圏における就業者の常住地による分布と従業地による分布
（2015年国勢調査より作成）

　図2.7に示すとおり、コロナ禍前の2015年時点で、都心5区（千代田区・中央区・港区・新宿区・渋谷区、以下同様）の従業者・通学者の常住地の内訳は、都心5区内が約1/4、これらを含む特別区全体で1/2強、その他（多摩地域、3県ほか）が1/2弱となっている。東京の経済活動を支えるワーカーの半数近くは、特別区の外側から通勤しているのである。さらに、都心5区への通勤者の年齢別構成比を算出すると、図2.8にあるように、都心から遠い自治体に居住する通勤者は、中高年世代の割合が高くなり、上述したとおり、高度経済成長期から2000年頃までに拡大した郊外エリアに居住する世代と符合している。一方で、若い世代を中心とする都心回帰傾向は図2.8からも明らかである。

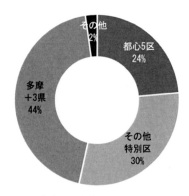

図2.7　都心5区の従業者・通学者の常住地内訳（2015年国勢調査）

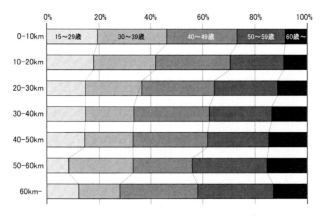

図2.8 東京都市圏における距離帯別・都心5区への通勤トリップ年齢別割合
（国土交通省「第6回東京都市圏パーソントリップ調査」(2018)より作成）

　ここで、東京都市圏の通勤鉄道路線の代表例として、東急電鉄田園都市線と東日本旅客鉄道中央線を取り上げる。公表されているデータ（国土交通省「第12回大都市交通センサス」(2015)）に基づき、平日1日を通じた都心方向への駅間通過人員（上り方向）の動向をまとめ図2.9に示す。このグラフからは、郊外から都心に向かい乗車人員が増えていく基本構図がわかる。しかし、ただ増え続けるわけではなく、乗り換え駅などでは乗降それぞれが一定量あり、このバランスの中で乗車人数が減少する駅や変化の少ない（乗車・降車が拮抗する）駅もある。図2.9は通勤や通学目的の移動だけを示すものではないが、途中駅の拠点性を高めながら路線（沿線）全体での地理的分散を促していくことも、都心への集中を緩和するうえでは重要な視点である。

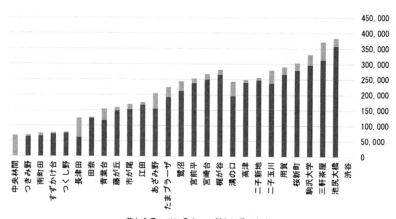

東急田園都市線　駅間通過人員（上り）

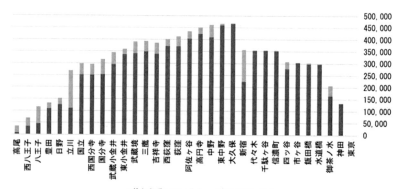

ＪＲ中央線　駅間通過人員（上り）

図2.9　郊外鉄道路線の1日駅間通過人員（上り）
（国土交通省「第12回大都市交通センサス」(2015)より作成）

　以上、地理的な分布をみてきたが、通勤時間の分布はどうであろうか。都心5区に通勤する人の流れを2018年の国土交通省「第6回東京都市圏パーソントリップ（以下PT）調査」をもとに見ると、8時台と18時台にピークが形成されており、いずれも通勤目的の移動が過半を占めている。特に朝のピーク時間帯である8時台では、83％の移動が通勤目的であり、その

代表交通手段のほとんどは鉄道が用いられている（図2.10）。

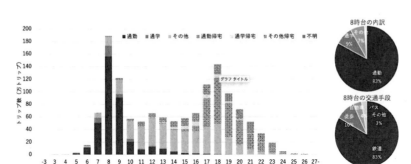

図2.10 都心5区発着トリップ（交通量）の時間帯別目的別分布
（国土交通省「第6回東京都市圏パーソントリップ調査」(2018)より作成）

再び国土交通省「第12回大都市交通センサス」(2015)をもとに東京都市圏全体における通勤目的鉄道利用の時間帯別分布を見てみると、全体の7割以上が朝のピーク時間帯（朝7～8時台）に集中しており、その移動量はオフピーク時の5倍程度もある。この極端なピークの存在が満員電車の根源であり、またピークに合わせた投資（車両・線路・駅施設等）がオフピーク時には使われないことが鉄道事業の非効率を生み出している。

図2.11に示す東急電鉄田園都市線の時間帯別の通過人員と輸送量（運行本数×1編成当たり乗車定員）を見てみると、ピーク時間帯に輸送量を高めているもののそれを大幅に上回る乗車があり、200％程度の混雑率を生み出している様子がよくわかる。この朝のピーク時間帯の鉄道利用者の目的別割合を見てみると、通勤が75％程度、通学が15～20％程度であり、この両者で9割以上を占めている。したがって、この通勤・通学の時間・空間の分散化が満員電車を解消し、鉄道運行を効率化し、さらには鉄道網を活かして東京の魅力をより高めるうえでの鍵となる。

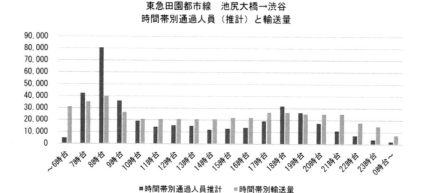

図2.11 時間帯別鉄道利用者数
(国土交通省「第12回大都市交通センサス」(2015) より作成)

2.3 東京一極集中がもたらした効果と影響

　2.2節に示した都市構造と新幹線等の広域交通網がもたらしたストロー効果が相まって、金融や本社機能が集中した東京は、世界都市として経済的な地位、競争力を高めていった。企業の集中は、企業とそのワーカーを対象とする「対面」に価値のあるサービス業の繁栄につながり [7]、これらはさらなる雇用を生んだ。また、大学などの教育機関の集中も、全国から東京への人々の転入を加速する要因となった。図2.12にあるように、東京都市圏は、バブル経済崩壊後の一時期を除いて進学や就職を機とした転入超過が続いており、2018年には13.6万人の転入超過であった。近年では、「1都3県で暮らしたい」や「地元や親元を離れたい」という理由などで、転入人数を占める割合について女性が男性を上回りつつある。生まれ育った場所では限られていた活躍の場を新たに求める人々を、東京の集積が受け止めてきていると言え、現在、東京都市圏には日本の人口の約29％を占める約3560万人が住まう。
　一方で、都市機能と人口が過度に東京に集中していくことがもたらす不

利益にも触れておかねばならない。少なくとも、既に、①土地の需要が高まり、地価が上昇すること、つまり、集積によって引き起こされた利益の恩恵が都市で働くワーカーではなく土地所有者の手に入るため、土地所有の有無で格差が生まれること、そして②若年女性の人数は増加するものの、長い通勤時間と保育支援の機能不足が原因で出生率が低下し、人口動態への負の影響があることが示されている [7]。実際に、2020年の東京都の出生率は1.12と4年連続低下かつ全国最小 [8] であり、集中がもたらす不利益の解消に取り組むことなく、これまでどおりに東京への人口集中が続けば、人口減少がさらに加速する可能性がある。また、図2.13にあるように、東京都市圏の高齢人口（65歳以上）は、2045年までに全国と比べて大きく増加する見込みであり、対応が急がれる。東京都の試算では、2025年度には、都内における介護職員に約3万5千人の不足が見込まれ（中位推計）[9]、そうした雇用が全国から若者をさらに誘引する可能性があるという。

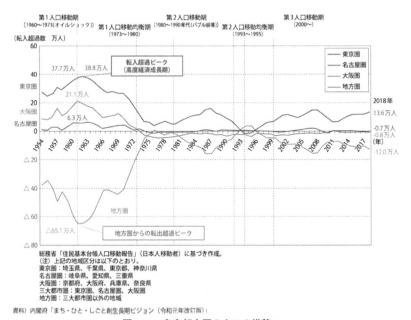

図2.12　東京都市圏の人口の推移 [10]

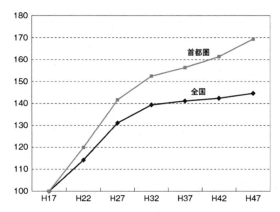

図2.13　2045年までの全国と東京都市圏の高齢者人口の推移
（2005年=100とした高齢化人口指数）[11]

2.4　まとめ：集積の効果と負の側面

　ここまで概観したように、東京は近代化以降、特に終戦後に人口集中が
進み、戦前からの鉄道路線に支えられて、一定の密度を保ちながら外延に
も拡大してきた。その都市規模は、世界的にみても相当に大きい。住宅は
郊外化したものの勤務場所は都心への集中が進み、アメリカ合衆国の多く
の大都市で見られるような、都心部の空洞化や治安の悪化等は生じなかっ
た。都心の地価高騰により、いったん居住地は郊外方向に拡大したものの、
近年は都心居住への回帰も進んでいる。オフィスについては、5次にわた
る首都圏基本計画に基づく郊外拠点整備が進められてきたが、近年の都市
再生の動きの中で、再び都心への集中の動きが見られる。その間、鉄道事
業における輸送力増強策によって1970年代のような激しい混雑は緩和さ
れているものの、それでもなお通勤時間帯のラッシュは社会的な問題とし
て解決されておらず、コロナ禍前には、朝のラッシュ時に駅構内の混雑が
激化してしまうために入場規制を行っているような駅も存在していた。
　企業や教育機関の集積があり、文化や娯楽、交流等の面で多様な選択肢の
ある大都市東京の魅力は、こうした負の側面を陰に追いやりながら、人々

を全国から誘引してきた。しかし、ワーカーの通勤や居住費用に対する我慢・負担を取り除くような抜本的な取り組みは進まず、それが東京都市圏ひいては日本の少子化にもつながってきたことが示唆されている。日本は既に超高齢社会に入っており、高齢化するワーカーの勤務環境の整備や、極度の身体疲労を伴うことも多い医療・福祉系のワーカーが働きやすい環境整備も喫緊の課題である。我々は、東京圏における移動や都市機能のあり方を見直す岐路に立っている。

第3章

住まい方、働き方、オフィス立地の変化

3.1　コロナ禍がもたらした変化

　コロナ禍以来、テレワーク、在宅勤務、フレックスタイム勤務、時差出勤等、働き方の見直しや通勤方法の見直しに関わる用語が飛び交うようになった。フランスでの15分生活圏構想（都市のあらゆる機能に自家用車を使わず15分でアクセスできることを目指す政策）等の影響を受け、郊外居住や近距離通勤といった考え方も注目されている。これらの考え方は、通勤混雑という長年の課題に対してコロナ禍前より取りざたされてきたものである。

　住まい方に関して言えば、古くは19世紀の近代都市計画の黎明期から、郊外に住むという発想が議論されてきた。ニュータウンという考え方が最初に提唱された英国では、職住近接の都市をつくることに目的を置き、開発区域内には工場地区やオフィス街も用意されているのが常である。しかし日本における戦後の大規模ニュータウン計画では、住宅供給だけに主眼が置かれることが多かった。

　通勤鉄道網が首都圏で概成しつつある戦後において、本節の冒頭に挙げた用語は、鉄道輸送力増強プロジェクトの推進状況、労働環境の見直しへの機運の高まりなど、いくつかの外的な要因を受けて取り上げられてきた。しかしながら、後述するが、多くの場合それほどの効果を上げるには至っていなかった。

　一方で、情報通信技術の急速な発展は、この種の行動変更においていくつかの点で変革をもたらした。一つは、コミュニケーション手段の選択肢拡大と質の向上である。電子メールもインターネットもなく、高価なテレビ電話が関の山という時代と比べると、コミュニケーション手段は大きく進化し、遠隔での仕事の仕方も大きく変貌した。もう一つは、行動変更のための情報提供やキャンペーンの方法である。従前は、どの路線のどの区間がどの時間帯にどの程度混雑しているのか、どうすれば混雑回避ができるのかといった情報が少なかった。現在は、各種SNSでの投稿も含め、情報は多様な手段で容易に得ることができ、時差出勤キャンペーンなどにもSNS活用が浸透してきている。また、さまざまなデータがリアルタイムで

記録・蓄積され、活用可能になっているため、駅の混雑具合や鉄道の運行情報はもとより、従業員の勤務状況や生産性にかかる記録も蓄積可能な場合が多い。これによって、施策の効果予測や評価も可能になってきた。

　本章では、以上のような変化も含め、まず東京での住まい方の変化を含めたコロナ禍前の動向をまとめ、その後にコロナ禍後も含めたオフィスの立地の変化を考察する。

3.2　働き方と住まい方の変化

3.2.1　東京の都心居住

　都心区では1980年代以降、独自の「都心居住施策」を展開した。例えば、千代田区における、建物内に住宅を設けた場合に容積率の割増を認める総合設計制度[1]運用や、中央区、港区、文京区、台東区における住宅付置制度[2]などである。こうして供給された物件は企業の社宅として活用されることが多かった [1]。都心に近い地域における住宅供給は、企業の活力低下、つまり地価の下落や景気低迷による企業所有地の放出等によって実現した。1990年代に入ると、東京都都市整備局「東京の都市づくりのあゆみ」[2]によると、中央区では1996年に用途別容積型地区計画[3]に代えて街並み誘導型地区計画[4]を導入し、容積率緩和を受けて年間2000戸を超える供給が行われるようになり、1995年に6万4,000人を下回っていた人口が、20年足らずで2倍を超えるまでに増加した（図3.1）。中でも分譲マンションは急速に増加し、2017年におけるマンションのストック数は約181万戸

---

1. 建築基準法上の特例制度。500m²以上の敷地で敷地内に一定割合以上の空地を有する建築物について、敷地内に歩行者が日常自由に通行または利用できる空地（公開空地）を設けるなどによって市街地の環境の整備改善に資すると認められる場合には、特定行政庁の許可により、容積率制限や斜線制限、絶対高さ制限を緩和することができる。
2. 開発に合わせて一定戸数以上の集合住宅などの建設を義務付ける制度。
3. 人口が減少している都心部などで、住宅用途の容積率を割り増し、住宅の供給を促進させる制度。
4. 壁面位置や高さを揃えることにより斜線制限や容積率制限を緩和する制度。

（総世帯数の約4分の1に相当）となったとされる。

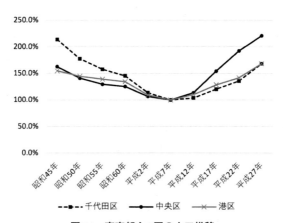

図3.1　東京都心3区の人口推移
（平成7年（1995年）に対する人口比、国勢調査より作成）

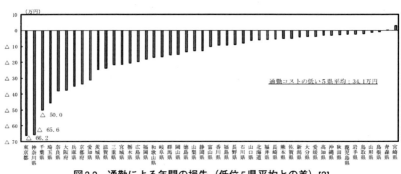

図3.2　通勤による年間の損失（低位5県平均との差）[3]

　都心居住の価値として上位に評価されているのは、移動の改善、余暇時間の増加などである。内閣府によると、東京都市圏では通勤時間と家賃水準を踏まえると、低負担の都道府県と比べて101～117万円程度の機会費用[5]を負担しているという（図3.2の右端の5県との差分に、住居費用平均値も考慮）[3]。このうち、都心居住においては通勤による機会費用に対し

5.ある経済行為を選択することによって失われる，他の経済活動の機会のうちの最大収益のこと。

て改善がもたらされ、住民もそれを実感していると見られる。ただし、先述のような住宅付置制度で都心に供給された住宅は、中堅ワーカーが住まい得るような手ごろな価格のものよりも [1]、主に大企業の社員や高所得化した世帯を対象とした高価格帯の商品が中心であった。そのイメージがメディアでも共有されていき、現在の都心マンションのブランディングにつながったと見られる。

　都心居住の人気が高まる一方、住まい周辺での生活関連施設不足が常に問題視されてきた。そのため、住宅付置制度では、業務用途中心のエリアに立地するオフィスに住宅を併設するのではなく、オフィスと離れたエリアに必要な規模の住宅を整備することも認めていた。第5次首都圏基本計画においては、都心居住を進めるにあたり、日常の買い物や医療等の生活関連施設を併せて再整備すべきことが示されていたが、2003年の段階では、地価高騰期に大量の人口が流出して生活関連施設も減少した都心部と、居住環境という観点に配慮した整備が不足していた臨海部双方において、生活関連施設の不足に対する居住者の不満の声があった（図3.3）[4]。

	都心部居住者	回答率(%)	臨海部居住者	回答率(%)
1 位	セキュリティがしっかりした	80.7	セキュリティがしっかりした	81.4
2 位	公共交通の便が良くなった	79.3	部屋の広さや間取り等が十分になった	75.2
3 位	通勤が楽になった	69.4	通勤が楽になった	68.5
4 位	管理組合・修繕等の体制が良くなった	63.7	公共交通の便が良くなった	67.9
5 位	部屋の広さや間取り等が十分になった	60.5	管理組合・修繕等の体制が良くなった	64.5
6 位	部屋からの眺望が良くなった	53.5	部屋からの眺望が良くなった	64.0
7 位	自家用車が無くても生活できるようになった	50.5	公園や水辺等の憩いの場が豊富になった	43.0
8 位	レストラン等が豊富になった	50.2	自家用車が無くても生活できるようになった	40.3
9 位	夜でも治安が良くなった	40.9	高齢者等にも住みやすくなった	39.8
10 位	病院等の医療施設が充実した	38.8	交通渋滞が少なくなった	35.4

資料：国土交通省国土計画局調べ

住み替えで良くなったこと TOP10

	都心部居住者	回答率(%)	臨海部居住者	回答率(%)
1 位	物価が高くなった	58.1	騒音や大気汚染等が多くなった	43.3
2 位	食料品店等の日用品店が少なくなった	53.1	食料品店等の日用品店が少なくなった	36.9
3 位	騒音や大気汚染等が多くなった	41.8	物価が高くなった	35.2
4 位	地域のつきあいが少なくなった	30.2	街並みが美しくなくなった	31.1
5 位	深夜営業の店が少なくなった	23.1	レストラン等が少なくなった	30.4

住み替えで悪くなったこと TOP5

図3.3　住み替えで良くなったこと・悪くなったこと（2003年時点）[4]

　これを受けて、住宅付置制度の対象には住宅のみならず、スーパーや保育所（港区の場合）が加えられたほか、減免条件として地域冷暖房施設や教育施設（千代田区の場合）などが位置付けられてきた。港区では、2011年には住宅の設置基準を引き下げ、生活関連施設の扱いを備蓄倉庫や駐輪場へとさらに多様化しており、およそ10年間のうちに、制度が目標としていた住宅の供給量と、当初充足を意図していた買い物、医療等の生活関連施設が達成できたものと見られる。

　こうした現在の東京での暮らしを、都民はどのようにとらえているのだろうか。東京都生活文化局が毎年行う都民生活に関する世論調査（約6割の回答者が持ち家、約5割が東京生まれ、約6割が東京居住30年以上、約6割が区部居住）[5] では、現在の居住地について「住みよいところだと思う」は約8割で、評価が高い。「今後も住み続けたい」人は約7割（都心エリア居住者に限定した場合も7割）である。ただし、2019年の水準と比較すると、コロナ禍以後の2020、2021年では0.5割評価が落ちている傾向にある。現在の居住地に住み続けたい理由として、日常の生活環境が整っている、地域に愛着を感じている、自分の土地や家がある、通勤・通学に便利、など利便性の高さが上位に挙げられる一方、住み続けたくない理由の上位には、地域に愛着を感じない、住居費が高い、通勤・通学が不便、が挙げられており、コストの高さのほか、不便を感じている層も一定数いる（図3.4）。また、暮らしに余裕があると回答している都民の割合は徐々に高まっているが、従事する職種別にみていくと、現場での作業が求められることが多い労務・技能職では余裕がないとの回答が6割を超えている。都心・都内居住者は、コロナ禍以後も概ね地域に満足している傾向にあるものの、従事する職種による暮らしの質の違いに留意する必要があるだろう。

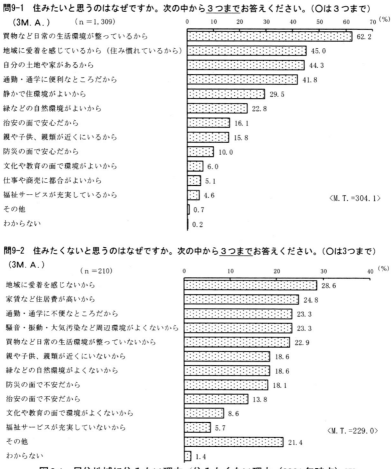

図3.4 居住地域に住みたい理由／住みたくない理由（2021年時点）[5]

3.2.2 多様な働き方制度の導入実態

　本節では、都心居住者に限らず、遠距離通勤が必要となるような郊外居住者の機会費用の負担軽減にもつながるような、多様な働き方制度の導入の実態について記す。

　内閣府調査によると、テレワーク導入企業数は、2007～2014年の間におよそ10％で推移してきた。2008年以降にはインターネットの普及に伴

う増加傾向が見られたが、東日本大震災を受けて国土全体での経済活動がダメージを受けた中、導入企業数は再度減少し、低値安定の状態になっていた（図3.5）[6]。東京都が2018年に行った多様な働き方に関する実態調査[7]においても、経団連による働き方改革の宣言やオリンピック対策としてのテレワーク推進が呼びかけられたにも関わらず、導入率は19.2％に止まっており、テレワークを利用している従業員の割合が「30％未満」と回答する企業が約7割にのぼった。テレワークの3つの形態のうち、導入または検討している形態は「モバイルワーク（移動中や出先などでの業務）」と「在宅勤務」が約6割である一方、「サテライトオフィス勤務」は2割以下であった。

　企業がテレワークを導入する目的は、「定型的業務の生産性の向上」「従業員の通勤時間、勤務中の移動時間の削減」「育児中の従業員への対応」が上位を占めており、これらについて約8割の企業が効果を感じていた。また、テレワーク導入に当たり行政に求める支援策としては「テレワーク導入費用の助成」が約5割を占め、「サテライトオフィスとして活用できる施設提供」も上位に含まれた。当時のテレワークにおいては「終日」「半日」という長時間の勤務は一般的ではなかったようである。

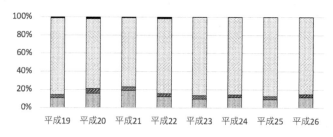

図3.5　テレワーク導入企業数の推移（[6] をもとに作成）

　時差出勤やプライベートの時間の確保につながるフレックスタイム制度の導入については、全国的に過去30年間で大きな変化はない（図3.6）[8]。

平成初期よりもさらに以前から知られている制度ではあるが、必ずしも多くの企業が導入しているわけではなく、図3.6からは、むしろ平成の時代に漸減傾向にあったことも読み取れる。インターネットや電子メールの普及、オンライン会議の定着等が起きる前の段階では、ワーカー同士で時間を共有することが重要視され、フレックスタイム制度が十分には根付かなかったとも考察できる。また、導入されている場合でもコアタイム開始時間が10時台であることが多く [9]、午後のオフピーク時間というよりも、ピーク時の少し後にシフトするにとどまる通勤形態となったと見られる。

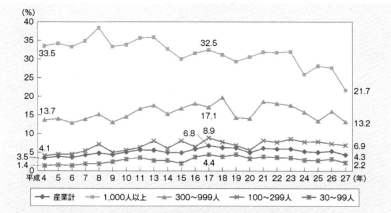

(備考) 1. 平成11年までは労働省「賃金労働時間制度等総合調査」、13年以降は厚生労働省「就労条件総合調査」より作成。
    2. 平成20年及び27年で、調査対象が変わっているため、時系列比較には注意を要する。
      平成4〜19年までの調査対象：本社の常用労働者が30人以上の民営企業
      20〜26年までの調査対象：常用労働者が30人以上である会社組織の民営企業
      27年の調査対象：常用労働者が30人以上の民営法人（複合サービス業、会社組織以外の法人（医療法人、社会福祉
      法人、各種の協同組合等）含む）
    3. 平成11年までは各年12月末日現在。13年以降は各年1月1日現在の値。調査時点が変更になったため、12年はない。
    4. 平成24〜26年は、東日本大震災による企業活動への影響等を考慮し、被災地域から抽出された企業を調査対象から
      除外し、被災地域以外の地域に所在する同一の産業・規模に属する企業を再抽出し代替。
    5. 平成27年は、26年4月に設定されている避難指示区域（帰還困難区域、居住制限区域及び避難指示解除準備区域）
      を含む市町村に所在する企業を調査対象から除外。

図3.6 フレックスタイム制度導入の経年変化[8]

3.2.3 地方移住の兆し

　第2章では東京一極集中に触れたが、一方で、地方に対する関心が全く抱かれていなかったわけではない。図3.7、図3.8からもわかるように、若い世代の田園回帰意識の高まりが示されている。Uターンは地方出身者が

東京都市圏で働いた後に出身地に戻ることを、Iターンは東京都市圏等の出身者が地方で就職すること、Jターンは地方出身者が東京都市圏に居住し、後に出身地に近い地方都市で就業することをいう。国土交通省の調査では、地方出身者が家業を継ぐといった理由のほかに、ライフスタイルに関わる価値観が多様化し、単に出世を目標に仕事に取り組みたいというワーカーが減少傾向にあることも、これらの一因として考察されている。

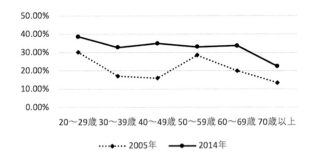

図3.7　年代別地方移住希望割合（[10] をもとに作成）

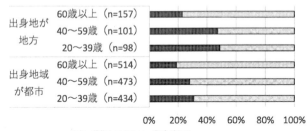

図3.8　出身地域別の地方移住希望（都市在住者）（[11] をもとに作成）

　地方移住を希望する都市住民と、移住・交流を支援する地方公共団体とのマッチングを行っている特定非営利活動法人ふるさと回帰支援センターでは、問合せの件数や利用者の年代についてアンケートを実施しており、2014年の利用実績を見ると、来場者は2013年の約1.4倍となっていた [12]。UIJターンが転職者に占める割合は14.5％で、その内訳は「中小企業から中小企業へのUIJターン転職者」（41.5％）、「大企業から中小企業

へのUIJターン転職者」（33.6％）となっている [13]。このことから、中小企業・小規模事業者が、UIJターンを伴う転職における雇用の受け皿として重要な役割を担っていることがわかる。

3.2.4 コロナ禍を経た居住地の選択肢

　ここまで述べてきたように、バブル崩壊による業務機能の停滞が引き金となり1990年代以降進んだ都心居住は通勤負担の軽減にも寄与しているが、その対象は高所得者層に偏っており、生活環境面での課題も残る。東京都市圏全体としては、都心に職場があり郊外に居住するワーカーの遠距離通勤に伴う心身のストレスや時間的なロスをどう解消するのかがなお重要な課題であり、フレックスタイム制度による時差出勤、テレワークのような働き方制度が有効な施策として期待されてきた。若年層においては、働く場所の意向など働き方の価値観の変化の兆しも見られてきていた。しかし、これらの多様な働き方は、この30年以上の間、特定の企業層で取り組まれるのみで、社会的に広く普及するには至っていなかった。1990年代にインターネットや電子メールが使われはじめ、2000年代半ばにはスマートフォンの登場やタブレットの普及なども相まって、業務参加の選択肢が増えていった。それでもコロナ禍前までは働き方が大きく変わるということはなかった。結果的に通勤需要の集中は持続し、ピークが当然のように存在するまま時代は流れていた。

　第2章でも触れたように、鉄道の混雑緩和についてはいろいろな取り組みがなされてきたものの、企業が主導する働き方の基本形は大きくは変化していなかった。そのため、居住地の選択という意味での住まい方にも大きな変化はなかった。都心回帰傾向があるものの、郊外は郊外として発展し、通勤需要が大きく変化してきたわけではない。このように、我々は通勤混雑の緩和に対してはある程度諦め気味であったとも言える。

　それでは、コロナ禍によって大都市圏で半ば強制的に多様な働き方を認める（あるいは推進する）制度の導入が進められたことは、変化を生みつつあるのだろうか。統計局によると、東京都市圏および東京都は転入超過であるもののその数は2年連続の縮小で、東京都特別区部では外国人を含む

集計を開始した2014年以降初めての転出超過となっており、日本人については1996年以来25年ぶりに転出超過となった（図3.9）[14]。株式会社リクルートの地方や郊外への移住についての興味に関する調査結果によると、ワーカーは時間や場所を選ばない働き方であるテレワーク継続を求めており、この背景には、都心から2時間圏内の移住に関心を持つ層が一定数増加していることがあるようだ[15]。また、内閣府「日本経済2021-2022」によると、2021年前半は、コロナ禍の影響を受けた郊外需要の高まりを背景に、東京都市圏のうち特に埼玉、千葉、神奈川などで着工戸数が増加し、広めの貸家が建設されているという[16]。

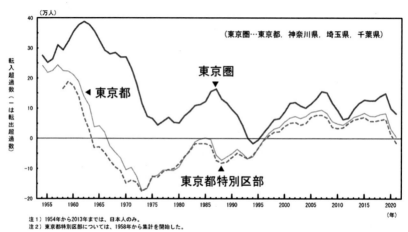

注1）1954年から2013年までは、日本人のみ。
注2）東京都特別区部については、1958年から集計を開始した。

図3.9　東京圏、東京都の超過転入および東京都特別区部の超過転出状況 [14]

　ただし、企業各社がコロナ禍後の勤務体系を模索している状況下では、テレワークの廃止や出社再開への懸念から、関心はあっても実際に転居したワーカーが相次いだというわけでない。2021年の貸家の着工は、東京都区部、大阪、福岡といった都市部で前年を大きく上回っており、供給量が抑えられることはなく、都心の物件の価値は堅調であった。大都市圏居住者の主流が郊外への転居・住居供給に方向転換した、というよりも、居住する場所の選択肢を見直す層が一定数現れたと言える。
　5.1節で詳述するワーカーアンケート調査結果では、コロナ禍以後に転居したとの回答は9%にとどまり、その中でも「新型コロナウイルス感染

予防のため検討し、決断した」「コロナ禍で社内の働き方が変化し、決断した」という人は5％未満であった。余暇時間についても、今後も低頻度で出社を維持したい意向の層、つまりコロナ禍によってワークスタイルが変化して、それを前向きにとらえている層において、若干長くなった程度である。全国都市交通特性調査結果（速報版）を合わせて見ると、在宅勤務者は、出社している就業者よりも私用での移動回数が若干多い傾向が見られているというが[17]、プライベートの大きな見直しに至るほどではないことを示唆している。

3.3 サテライトオフィス立地の変化

3.3.1 サテライトオフィス立地の変化

(1) サテライトオフィスの店舗数は大きく増加

多様化するワーカーの働き方や居住への意向を実現するには、まず、都心部に集積している企業のメインオフィスに限らない就労場所の多様化が必要である。2020年、新型コロナウイルス感染拡大防止のための緊急事態宣言を一つの契機として、多くの企業でテレワークの推進が図られた。長時間通勤や満員電車からの解放が歓迎された一方で、子育て層が子どもの世話をしながら在宅勤務することの難しさや、共働き世帯で2人分の就業環境が自宅内に確保できないことなど、急激な在宅勤務への移行で課題が見出されたことも事実である。これらの課題が表面化したことで、メインオフィスと自宅以外にも確保できる就労場所としてのサテライトオフィスが、多様な働き方を実現するための一つの鍵となる施設として注目されるようになった。

サテライトオフィスは、基本的には、メインオフィスを持つワーカーが出張先や訪問先への移動途中に簡易的な作業を行う場所として想定されていたと考えられるが、先述の理由から、自宅近くに確保できる整った就労環境としても注目を集めることになった。自宅とサテライトオフィスを組み合わせることによりテレワークが定着していけば、ピークレス社会の実

現に大きく寄与すると考えられる。そこで、本項では就労場所としてのサテライトオフィスの供給状況を、特に新型コロナウイルスの感染拡大前後の比較を通じて議論してみたい。

　まず、分析対象地域を設定する。本分析では、主として東京都心部に立地するメインオフィスに通勤するワーカーを対象とした。働き方の多様化や通勤行動の変化と、都心以外に提供される就労場所の関係に着目するため、多くのワーカーが東京都心部へ日常的に通勤することが想定される範囲を分析対象とした。具体的には東京都心部に対して環状方向に路線が展開するJR相模線、JR八高・川越線、東武野田線、新京成線を分析対象地域の外縁とした。これらの路線は当然ながら市区町村境界に沿って延びているわけではないため、路線が域内を通過している市区町村を分析対象地域に含めることを原則とした。ただし、千葉県野田市の旧関宿町、神奈川県相模原市の旧藤野町、旧相模湖町、旧津久井町の領域は分析対象地域から除外している。

　繰り返しになるが、東京都市圏では東京都心部から郊外方向に多くの鉄道路線が放射状に路線網を展開しており、主たる通勤圏がこの沿線を単位に展開していると考えられる。そのため、分析対象地域を一体として扱った分析にとどまらず、沿線ごとに分けた分析も展開する。具体的には、パーソントリップ調査の計画基本ゾーン（以下、単にPTゾーンと略記する）を元データとしつつ、概ね3つ程度の沿線を集約した単位として「方面」を定義し、この方面を単位とした分析を行う。国土数値情報[18]から2008年調査のPTゾーンに相当するポリゴンデータを入手した。次に、東京、品川、渋谷、新宿、池袋、上野の山手線ターミナル駅6つのうちどの駅に相当するPTゾーンへの通勤トリップが多いかによって分析対象地域内のPTゾーンを分類し、隣接ゾーンとの連続性も考慮しながら方面別に分割した（図3.10）。トリップ数は国土数値情報[19]に収録されている2008年東京都市圏パーソントリップ調査のデータを用いた。

　図3.10でラベルに近接した直線が貫いている地域が各方面に相当する。横浜方面は横浜から三浦半島にかけての東京湾および相模湾岸で、京急電鉄やJR東海道線の沿線に相当する。通勤目的地としては品川駅周辺ゾーンが優勢で、東京駅周辺ゾーンも多く見られる。青葉方面は、東京湾岸を除

く東急電鉄沿線で、通勤目的地として渋谷駅周辺ゾーンが優勢である。町田方面は小田急電鉄沿線に相当し、新宿駅周辺ゾーンが通勤目的地として目立つ。同様に新宿への通勤が多い立川方面は、東京都多摩地域の大半を含み、京王電鉄、JR中央線、西武新宿線沿線に相当する。川越方面は西武池袋線と東武東上線沿線に相当し、池袋駅周辺ゾーンへの通勤が優勢である。大宮方面はJR埼京線とJR東北線の沿線で、新宿駅周辺ゾーンへの通勤が優勢である。春日部方面は埼玉県東部の東武伊勢崎線沿線に相当する。上野駅周辺ゾーンへの通勤が見られるほか、他5駅周辺ゾーンへの通勤が多いPTゾーンが混在する。柏方面は、つくばエクスプレスとJR常磐線沿線で上野駅や東京駅周辺ゾーンへの通勤が目立つ。船橋方面は東京湾岸の千葉県で、京成電鉄、JR総武線、JR京葉線沿線に相当する。概ね東京駅周辺ゾーンへの通勤が優勢であるPTゾーンで構成される。

　なお、都心から郊外へ向かう鉄道路線はお互いの間隔を広げながら放射状に路線網を展開しているため、都心に近いほど互いの方面が近接あるいは重複した関係性となる。このため、多くの放射状路線がターミナル駅を有する山手線の内側は方面別に分割せず、また、山手線の外側においても後述する近郊の範囲内では複数の方面で同一PTゾーンを共有させている。具体例としては、春日部方面と柏方面のいずれにも足立区周辺のPTゾーンが、大宮方面と川越方面のいずれにも北区や板橋区のPTゾーンが含まれている。

　方面別と合わせて、都心からの距離帯に対応させてPTゾーンを都心3区、山手線内、都区内、都区部に隣接する市（近郊）、それ以遠（郊外）に5分割した。ただし、東京都心から見て南方向および西方向は通勤圏が広いため、分析対象地域により遠方の郊外を含めるため、6分割ないし7分割とした。6番目には八王子市、海老名市、横浜市郊外部が、7番目には三浦半島および湘南地方が該当する。

図3.10　分析対象のゾーン分割
（背景地図に地理院タイルを使用し、国土交通省国土数値情報「交通流動量 パーソントリップ発生・集中量データ 平成22年度 東京都市圏」ポリゴンデータを加工して作成）

　次に、上記の地域に展開するサテライトオフィスのうち、一定の店舗数を有すること、運営主体のウェブサイトや公式サイトで各店舗の開業時期が概ね把握できること、貸会議室にとどまらず個人がデスクワークやオンライン会議を行うことができるブースや個室を備えることから、表3.1に挙げる5ブランドについて情報を収集した。いずれも2022年12月時点では法人契約のみを対象にしているため、当該法人に所属しない個人の利用や個人事業主の利用は想定されていない。この点は、主たる通勤先であるメインオフィスを有するワーカーに、メインオフィスとも自宅とも異なる就労環境を供給するという本項の分析の趣旨と一致する。

表3.1　分析対象とするサテライトオフィスのブランド

運営主体	三井不動産	野村不動産	ザイマックス	東急	東京電力
ブランド名	ワークスタイリング	H1T	ZXY	NewWork	SoloTime

　サテライトオフィス店舗数の変化を概観するため、まずは店舗の開業時期をA.2019年以前、B.2020年1〜3月、C.2020年4〜12月、D.2021年に分類した。Aは新型コロナウイルスが国内に流入する前で新型コロナウイルスの「流行前」と言える。Bは新型コロナウイルスが国内でも確認されはじめ徐々に拡大していた時期で「流行初期」と言えよう。Cは初めての緊急事態宣言を経て新型コロナウイルスが国内でも蔓延していった時期で「感染拡大期」と言える。Dはオミクロン株と呼ばれる変異株へ感染の主流が置き換わったことにより、感染力が増大した反面で重症化率が下がったことから、感染拡大防止のための行動制限を極力回避して社会経済活動の維持が目指された時期に相当し、現在まで続く「ウィズコロナ期」と整理できる。

　店舗の情報は、各運営主体のウェブサイトに掲載されている住所を取得し、東京大学空間情報科学研究センターが提供するアドレスマッチングサービスで緯度経度に変換することで、地理情報システム(GIS)での分析を可能とした。開業日は運営主体のウェブサイトや公式SNSで日付まで特定できたものが多かったものの、一部はこれらに記載がなくおおよその開業時期しか判明しないものがある。いずれも先述した4つの時期に分類したうえで、この開業時期を店舗の情報として分析に使用した。

　まず、対象5ブランドのサテライトオフィス店舗数は、流行前からウィズコロナ期にかけて大きく増加した。店舗数の増加傾向を距離帯別、方面別に示したのが、図3.11〜図3.14である。図3.11は距離帯別の店舗数、図3.12は流行前の2019年を1としたときの各期における相対的な店舗数を距離帯別に示す。最も増加率が小さい都心3区であっても2倍となっており、それ以外は4〜6倍という大きな伸長を見せている。特にウィズコロナ期での増加が顕著であると読み取れる。地域の面積に鑑みると都心3区での店舗密度は依然として高いものの、店舗数の観点では都区内や近郊、増加率の観点では山手線内や都区内がそれぞれ目立っており、サテライトオ

フィスの立地は依然として業務地区である都心部が中心ではあるものの、徐々に住宅地の性格を持つ近郊部へ広がりつつあることがうかがえる。

　なお、サテライトオフィスの出店には、運営主体による入居物件の選定や賃貸契約さらには開業に向けた内装整備などさまざまな準備期間が必要であり、この立地傾向の変化がコロナ禍に起因すると判断するのは早計ではあるものの、ウィズコロナ期（2021年）に都区内（山手線の外側）を中心に店舗増加の傾向が強まっていることに鑑みると、在宅勤務やテレワークの推進が一定程度影響していると考えることができる。多様な働き方を求める社会の変化に呼応しつつ、各ブランドが都心部以外への出店を強化しはじめていた時期に新型コロナウイルスが流入し、その傾向に拍車がかかったと解釈すべきであろう。この傾向が継続するかはさらに年数を経なければ判断が困難である。

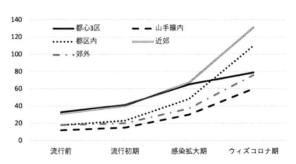

図3.11　距離帯別のサテライトオフィス店舗数の変遷

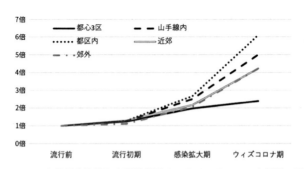

図3.12　コロナ禍前と比較した距離帯別サテライトオフィス店舗数の増加率

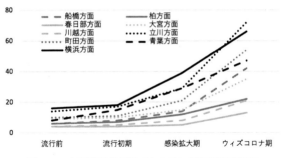

図3.13　方面別のサテライトオフィス店舗数の変遷

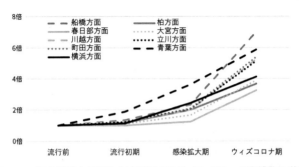

図3.14　コロナ禍前と比較した方面別サテライトオフィス店舗数の増加率

　図3.13および図3.14は先と同様に、店舗数および2019年比の相対的な店舗数の変遷を方面別に示したものである。ウィズコロナ期の店舗数で上位なのは横浜方面と立川方面であるが、これら2つは流行前から店舗数が高水準であり、結果として増加率としては中程度にとどまっている。増加率は船橋方面、青葉方面、町田方面が高水準で、この3つがウィズコロナ期の店舗数で3〜5位に入っている。一方、春日部方面は全期間を通じての店舗数、増加率ともに他方面と比べて低い傾向にある。

　図3.11〜図3.14に示したように、サテライトオフィスの店舗数は全体的に増加傾向にあるものの、その増加率は距離帯や方面によって異なっていた。距離帯に関しては都市化の進展程度や都心へ通勤しないことによる負担軽減効果に影響するため、サテライトオフィスの立地に影響することは十分考えられるものの、方面別でもサテライトオフィスの立地に大きな差異が見られたことから、通勤の負担度以外にもサテライトオフィスの立地

に影響する要因があるものと考えられる。

(2) ワーカーの居住地に寄りつつあるサテライトオフィスの立地

　では、新型コロナウイルス感染拡大の時期にサテライトオフィスの立地傾向は何に規定されながら変化したのだろうか？ ここでは、その主たる利用者であると考えられるオフィスワーカーの地域ごとのデータを国勢調査から取得して、店舗数との関連を分析してみたい。ワーカーの人数は就業者数の場合は居住地に、従業者数の場合は勤務地にそれぞれ計上されるため、両者を分析することで、サテライトオフィスがワーカーの居住地、勤務地どちらを強く意識して出店しているかを把握できると期待される。なお、ワーカーの中でも職種や業種によってテレワークが可能であるかは異なると考えられるため、本分析では職種別のデータを活用する。2010年国勢調査の職種分類の中で「管理」「専門・技術」「事務」の3つはテレワークに対応できる可能性が高いことから、これらを「3職種」と分類して、以降はこの3職種の就業者数や従業者数を分析対象とする。PTゾーンは基本的に郊外部で市区町村単位、都心部でも複数の町丁字を集約したものであるため、PTゾーンごとの就業者数や従業者数は国勢調査小地域集計から計算でき、GISを用いて各PTゾーンの面積を計算すれば、就業者密度ならびに従業者密度を得ることができる。就業者密度ならびに従業者密度と、サテライトオフィス店舗数を当該空間単位の面積で除した店舗密度との関連を調べるため、回帰分析を行ったところ、店舗密度は特に3職種就業者密度との間に強い正の相関（決定係数$R^2=0.950$）を示すという結果を得た。非農林漁業従業者密度（2009年、$R^2=0.649$）や30人以上事業所従業者密度（2009年、$R^2=0.626$）よりも3職種就業者密度の場合の決定係数が大きいことから、サテライトオフィスの立地がワーカーの居住地を意識したものになっていることが示唆された。

　最後に最近隣距離法の分析 [20] を行う。この分析で用いる平均最近隣距離とは、ある店舗から見て最寄りの他店舗までの距離を計算する操作を全ての店舗について繰り返し、その最寄りまでの距離を平均したものである。店舗が都市空間内にランダムに立地する場合の最近隣距離である期待値を

基準として、実測値がこれよりも小さければ店舗同士が互いに近接して立地する傾向があり、実測値が大きければ店舗同士が互いになるべく離れて立地する傾向があると解釈する。まず、流行前からウィズコロナ期にかけての店舗数の増加に伴い、期待値が小さくなっていることが確認できる（表3.2）。なお、川越方面と春日部方面では、ウィズコロナ期と比べて流行前の方が平均最近隣距離の期待値が小さくなっているが、これはこの2方面は流行前の時期における店舗数が少ないためであると考えられる。店舗分布の空間的な広がりが大きく変化した2時点を比較しようとすると、平均最近隣距離の理論値を計算するために店舗をランダムに配置する空間の範囲が異なってしまい、等しい条件で分布の集積性を比較的できないためである。

表3.2　方面別の平均最近隣距離の時系列変化

	方面	横浜	青葉	町田	立川	川越	大宮	春日部	柏	船橋
2019	実測値	2967	2741	2977	1777	1926	1610	3393	2665	717
	期待値	3911	1813	3839	1997	1341	2214	720	3313	1601
	(比率)	0.76	1.51	0.78	0.89	1.44	0.73	4.71	0.80	0.45
	Z-score	-1.85	2.77	-1.36	-0.79	1.67	-1.56	14.19	-0.92	-2.59
2021	実測値	499	220	804	477	852	456	1011	482	262
	期待値	2187	1025	2270	1217	2274	1351	1610	1867	1084
	(比率)	0.23	0.21	0.35	0.39	0.37	0.34	0.63	0.26	0.24
	Z-score	-12.27	-10.41	-9.57	-9.94	-5.61	-7.61	-2.57	-6.80	-9.73

　上記の影響は実測値には及ばないため、川越方面と春日部方面の双方で最近隣距離の実測値が短縮していることは、両者で店舗が増えたことに対応している。実際には全ての方面において、実測値が店舗数の増加による効果以上に小さくなっており、店舗同士が互いに近接して立地する傾向が強まっていると解釈できる（図3.15、表3.3）。実測値を小さくするような店舗立地の変化としては、従来は1店舗しかなかったA駅の周辺に新たな店舗が開業したケースや、従来はB駅とC駅に1店舗ずつ立地しており、互

いの店舗にとっての最寄り店舗までの距離がBCであったものが、中間のD駅に店舗が開業して最寄り店舗までの距離がBDやCDに短縮したケースが考えられる。ウィズコロナ期の実測値は東京23区内の距離帯で200m、それ以遠でも400〜650m程度であることから、一つの駅の周辺に複数店舗が立地するケースが増えているものと推測できる。

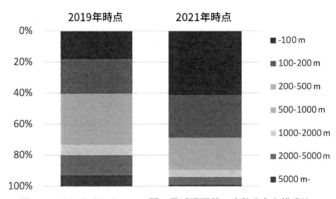

図3.15　サテライトオフィス間の最近隣距離の度数分布と構成比

表3.3　サテライトオフィスの最近隣距離の構成比

	流行前(%)	ウィズコロナ期(%)
-100m	18.1	41.2
100-200m	22.4	27.5
200-500m	21.6	17.3
500-1000m	11.2	3.4
1000-2000m	6.9	4.8
2000-5000m	12.9	5.0
5000m-	6.9	0.8

(3) 今後の可能性

　以上の分析を通じて、サテライトオフィスの立地は、従来都心部に集中していたものが近年は近郊や郊外にも拡大しつつあり、特に東京23区内に隣接する近郊での増加が顕著であることを確認した。これは多くのワーカーが近郊や郊外の住宅地から鉄道を利用して都心部へ通勤するという、東京都市圏における交通行動に大きな変化をもたらす可能性がある。全ての職

種でサテライトオフィスでの就労が適しているわけではないものの、本項の分析では、概ねテレワークが可能であると想定される職種の就業者密度に近い形で、サテライトオフィスが立地されるように変化している傾向を確認した。この変化は、一部の職種においてワーカーの通勤距離が短縮され、その通勤目的地が空間的に分散していくことを意味する。通勤は東京都市圏における交通行動の大きな要素の一つであり、上記のような通勤行動の変化はピークレス社会の実現に向けた大きな原動力となり得る。在宅勤務、サテライトオフィス勤務、メインオフィス通勤を、曜日や時間帯に応じて柔軟に選択できる働き方が実現すれば、通勤に伴う移動のピークは時間的にも空間的にも一定程度分散化できると考えられる。

　最近隣距離法を用いた分析によると、サテライトオフィスの店舗立地は空間的な集積の程度を強めている。サテライトオフィスが立地している駅が増え、互いの最寄り店舗までの距離が短縮された可能性も考えられるが、実際の最近隣距離の平均が数百メートル程度に短縮されていることから、鉄道乗り換え駅、バスとの結節駅、優等列車停車駅などの主要駅に複数のサテライトオフィスが立地することで、集積の程度が強まっていると考えられる。一方で、周辺にサテライトオフィスが入居できるようなオフィスビルが展開している駅が限られるという側面もあろう。結果として、多くのワーカーにとって必ずしも自宅最寄り駅にサテライトオフィスが立地するとは限らず、都心のメインオフィスへの通勤よりは格段に短距離ながらも、サテライトオフィスを利用する場面でも鉄道利用が一定数維持されると思われる。鉄道利用を伴うようなサテライトオフィスの利用を定着させるためには、サテライトオフィスの利用と合わせて、買い物や通院などの目的も満足させられる施設が近接して立地する必要があるが、東京都市圏の主要鉄道駅は基本的にそのような施設の条件を満たしており、人口減少時代におけるコンパクトシティ実現の必要性と相まって、通勤行動のピークレス化を実現できる可能性を秘めている。

3.3.2　都心のオフィス立地の変化

　都心のメインオフィスについては、三鬼商事株式会社による「オフィス

マーケット情報」に基づくオフィス空室率の推移を見ると、調査対象である7都市（札幌・仙台・東京・横浜・名古屋・大阪・福岡）の空室率は、いずれも同じような傾向で上下している[21]。具体的には、2008年から2010年にかけてリーマンショックの影響で空室率が大きく上昇し、この期間に直前期の2〜3倍となっている。対してコロナ禍の影響を見ると、2020年第3四半期までのデータであることに留意する必要はあるものの、リーマンショックよりも影響は小さいと考えられる。コロナ禍での東京の空室率は横浜と並ぶ上昇を見せており、東京都市圏でオフィスのコスト意識が高まっている可能性がある。

　物件の特性別には、コロナ禍以降、全体的に空室率は上昇しているものの、Aクラス物件と呼ばれる築年数が浅い東京都心の大規模オフィスビルは「従業員が出社したくなるようなオフィス」として戦略的に選択されているためか、よりグレードの低い物件と比べて空室率の上昇幅が小さいという[22]。三幸エステート[23]、野村不動産ソリューションズ[24]によると、これは、メインオフィスの役割として出社時の社員間でのコミュニケーションが重視される中での、大企業を中心に分散したオフィスを集約する需要、賃貸条件の緩和、貸室の分割が増えており、その受け皿として1フロア面積の大きいビルが選ばれる傾向にあるためだという。空室率を規模別で見た場合、「大規模」「大型」オフィスがそれぞれ4.57％、4.75％であるのに対し、横ばいには転じつつあるもののBクラスと呼ばれる「中型」オフィスは6.87％と2ポイント以上高い水準にあった[21]。また、小型オフィスは、中型オフィスからの縮小移転の受け皿になった。以上より、コロナ禍による変化の傾向としては中規模オフィスの需要の変動が大きく、不利な状況に置かれていたと言える。

　ザイマックス総研[25]によると、都心5区では、賃貸面積ベースで中小オフィス（ザイマックスの定義では、0.1〜1.6万㎡の床面積のオフィス）が占める割合は46％、大規模ビルは54％であり、それ以外の18区では、中小規模ビルは48％、大規模ビルは52％を占める。つまり、都内全体として、バブル期に地理的にも分散しつつ供給が進んだ中小オフィスのボリュームが50％弱（棟数としては90％）を占める。同研究所が公開している値を用いて推計すると、23区の中小オフィスのストック2006万㎡のうち築20年

以上のものが1606万㎡（2018年）あり、空室率3.8%（2022年10月、都心5区）を適用すると、そのうち61万㎡が低未利用と見られる。この61万㎡という数値は、コロナ禍を経て今後用途転換し得る床面積のボリュームとして、一つの参考指標と考えられる。老朽化にコロナ禍が重なり中小オフィスが低未利用化する中、ビルオーナーにとってサテライトオフィス事業は新たな用途として関心が持たれているのだろうか。ザイマックス総研「ビルオーナーの実態調査2021」[26]の中からビルの価値向上のための施策と実施状況の項目を参照したところ、サテライトオフィス事業者の誘致や自社での開設について「実施済み」「現在検討中」「興味がある」という回答は、合わせて40％未満にとどまる。3.3.1項に示したようなピークレス化への効果が期待されるサテライトオフィスの供給の裾野を広げるためには、こうしたビルオーナーらに対する働きかけとともに、そのユーザーとなる企業の実態を把握する必要があり、次章において分析していく。

第4章

企業の変化

4.1　緊急事態宣言等が都市活動に与えた影響

　「新型コロナウイルス感染症緊急事態宣言の実施状況に関する報告」[1]
によると、各特定都道府県において新型インフルエンザ等対策特別措置法
の規定に基づき実施した措置の具体内容は、表4.1のとおりである。

　日本では、強度のロックダウンを行った欧米や中国等とは異なり、緊急事
態宣言やまん延防止等重点措置によって各人・各主体に自粛要請を求めて
きた。自粛という形にしたためなのか、日本人の国民性のためなのかは判
断できないが、2021年の感染者数と自粛率の関係を諸外国と比較すると、
日本では自粛率が感染者数に感応的でなかったことが示されている[2]。最
後の緊急事態宣言が解除され、人流が回復期にあった2021年10〜11月実
施の第7回全国都市交通特性調査結果（速報版）では、移動実態の面でも
感応性が低いことが示唆されている。テレワークによりワーカーの仕事に
関わる移動が減少するなどして、都市における人の動きについて外出した
人の割合は、平日で74.1％、休日で52.5％、1日の移動回数は平日で1.96
回、休日で1.47回と過去最低の値を更新した。平日・休日ともに、2005
年から2015年にかけて増加傾向にあった鉄道の分担率が減少に転じ、自
動車の分担率は微増、徒歩・その他は増加している。食事や社交、娯楽、観
光・行楽・レジャーによる外出頻度は大きく減少しており、娯楽について
は在宅（オンライン）での活動頻度が増加した。

表4.1 特定都道府県の具体的措置内容[1]

根拠条文^(注2) （特措法）	措置内容	実施都道府県	備考
第24条第1項	病床の確保の要請	大阪府 （計1府）	関係市町村等に対し、病床の確保を要請したもの
第24条第7項	都道府県の教育委員会に対する措置の求め	埼玉県 （計1県）	都道府県の教育委員会に対し、都道府県立学校の感染防止対策の徹底等を求めたもの
第24条第9項	催物の開催制限等の協力要請	全特定都道府県	主催者等に対し、規模要件等に沿った開催を要請したもの
第24条第9項	施設の使用制限等の協力要請	全特定都道府県	・飲食店に対し、営業時間の短縮を要請したもの ・飲食店等に対し、業種別ガイドラインの遵守を要請したもの
第24条第9項	その他の感染の防止に必要な協力要請等	栃木県、埼玉県、千葉県、神奈川県、京都府、大阪府、兵庫県 （計7府県）	・マスク着用等の基本的な感染対策の実践を要請したもの ・在宅勤務の徹底等を要請したもの　等
第31条の2 第1項^(注3)	臨時の医療施設	千葉県、東京都、神奈川県 （計3都県）	病院等の医療施設が不足し、臨時の医療施設において医療を提供したもの
第45条第1項	外出の自粛等の協力要請	全特定都道府県	不要不急の外出・移動の自粛について協力要請を行ったもの
第45条第2項	施設の使用制限等の要請	埼玉県、千葉県、東京都、神奈川県、愛知県 （計5都県）	飲食店に対し、営業時間の短縮を要請したもの
第45条第3項	施設の使用制限等の命令	東京都 （計1都）	飲食店に対し、営業時間の短縮を命令したもの
第52条第2項	水の安定的な供給	水道事業者等^(注4)である特定都道府県	都道府県行動計画で定めるところにより、水を安定的かつ適切に供給したもの

4.2　コロナ禍の日本社会への余波

　日本経済新聞によると、2021年9月までの国内死亡数は、前年同期より約6万人増え、東日本大震災があり戦後最多の増加となった2011年を上回り、新型コロナウイルスによるものだけでなく、心疾患や自殺などによる死亡も前年より急増したという[3]。コロナ禍の余波で平年を大きく上回る「超過死亡」が生じたのである。緊急事態宣言は人々の生活満足度を低下させた。まん延防止等重点措置も満足度を低下させるが、緊急事態宣言よりはその程度は弱かったという[4]。いずれも、新型コロナウイルスそのものと、対策として講じざるをえなかった行動制限が、国民一人一人の生活に深刻に影響したことを示すデータである。

　内閣官房成長戦略会議事務局コロナ禍の経済への影響に関する基礎データによると、日本の上場企業の時価総額は、2020年1月末から2021年1月末にかけて、半導体・同製造装置（＋51%）、電気設備（＋44%）、オンライン・通信販売（＋34%）、ヘルスケア（＋33%）、電気機械器具（+27%）で増加。一方、宿泊（－24%）、陸運（－21%）、不動産（－17%）、繊維・アパレル（－14%）、エネルギー（－14%）で減少した[5]。また、地域GDPについては移動総量の影響（図4.1）は無視できない。コロナ禍による急激な都市活動の密度減少が与えた影響は大きく、経済産業省[6]によると、飲食店や劇場等含む、生活娯楽関連サービスの落ち込みが突出している。これに対して、テレワークで事業継続ができた金融系・情報通信系事業では、労働生産性が維持できた（図4.2・図4.3）[7]。三大都市圏を除く推計ということに留意する必要があるが、都市活動に関する参考値として今後の人口減少を見据えた推計[8]を挙げると、表4.2に示すように、生活に必要となる飲食料品の小売店や飲食店、郵便局、一般診療所等は、概ね500人が集まれば、80%の確率で施設や店舗の立地が可能になる。一方、百貨店などの大型商業施設を80%の確率で立地可能とするためには、27万5千人程度の需要規模・人口規模が必要であるという。

　以上より、「対面」の勤務を当然としてきた業種であるサービス産業等が打撃を受けたり、医療・介護・保育職で、処遇面や働く環境の条件が厳し

い状況に陥ったりした。これらの業種では女性就業者が占める割合が高く、第2章で着目した女性の暮らしに影を落とした。内閣府コロナ下の女性への影響と課題に関する研究会がその状況をまとめている [9]。女性を支援する観点からも、現場に出勤しなければならないワーカーへの配慮、そして可能な企業でのテレワーク導入の重要性が改めて提示されている。

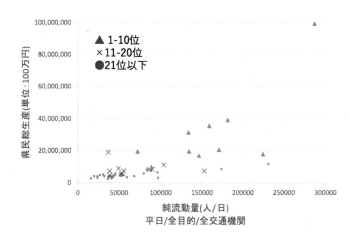

図4.1　地域GDPと移動総量集計結果（出典：会社四季報オンライン(2021)）

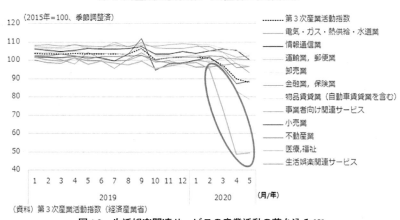

図4.2　生活娯楽関連サービスの産業活動の落ち込み [6]

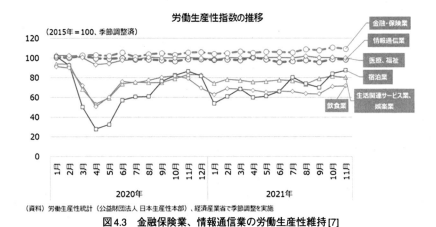

図4.3　金融保険業、情報通信業の労働生産性維持 [7]

表4.2　各施設の存在確率と地域の人口密度の関係性 [8]

（単位：人）	存在確率 50%	存在確率 80%	（単位：人）	存在確率 50%	存在確率 80%
飲食料品小売	500 人	500 人	税理士事務所	17,500 人	27,500 人
飲食店	500 人	500 人	救急告示病院	17,500 人	37,500 人
郵便局	500 人	500 人	ハンバーガー店	32,500 人	52,500 人
一般診療所	500 人	500 人	有料老人ホーム	42,500 人	125,000 人
介護老人福祉施設	500 人	4,500 人	ショッピングセンター	77,500 人	92,500 人
書籍・文房具小売店	1,500 人	2,500 人	映画館	87,500 人	175,000 人
学習塾	5,500 人	6,500 人	公認会計士事務所	87,500 人	275,000 人
一般病院	5,500 人	27,500 人	大学	125,000 人	175,000 人
銀行	6,500 人	9,500 人	百貨店	275,000 人	275,000 人
訪問介護事業	8,500 人	27,500 人			
介護老人保健施設	9,500 人	22,500 人			

4.3　企業総務アンケート分析

　コロナ禍以後、ワーカーの働き方はどのように変化し、今後さらなる見直しが進む見込みはあるのだろうか。特に、テレワークが選択肢に入る、メインオフィスを中心に働いてきたワーカー（ホワイトカラー・ワーカーが主に該当。以下、オフィスワーカー）の働き方の水準が、現場ワーカー（グレーカラー・ワーカー、ブルーカラー・ワーカーが主に該当）に影響を与えるほどに変化し得るのか。そうした問いを立て、雇用者側、つまり企業の動向を分析した。本節では、ある程度働き方施策（柔軟な勤務体系に

関わる制度の導入等)への企業の対応が進み、かつ政府による一律7割出社削減要請も解除され、企業の自己判断・裁量でリモートワークの継続・縮小・取りやめを選択しやすくなった第6波時点(2022年1～2月、n=300)に、東京都市圏に立地する企業の総務・人事担当者へのアンケート調査を、インターネット調査会社に委託して実施した。本節では、その集計をもとに分析を行った結果を概説する。

図4.4および図4.5からわかるように、回答者全体では時差出勤7割、フレックスタイム5割(社内実施者割合平均4割)、テレワーク8割(中央値:週2回・1日当たり7時間)の導入状況であることがわかった。これらの実施はしているものの暫定的である場合が2.5割あり、規定としての整備にはまだ伸びしろがある。

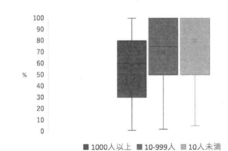

1000人以上企業平均　58%
1000人未満企業平均　71%　t検定 p<0.05

図4.4　調査時の本社出社率

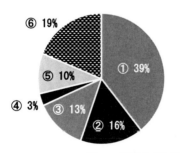

- ①従業員全員を対象に、社内規定などに規定されている
- ②一部の従業員や所属部署を対象に、社内規定などに規定されている
- ③規定はないが会社や上司などが実施を認めている
- ④試行実験(トライアル)をおこなっており、実施を認めている
- ⑤コロナ禍のため、または省庁の要請に応じて特例的に実施を認めている
- ⑥テレワークを認めていない

図4.5　現況のテレワーク実施状況(制度的位置付け)

　さらに、現状で①各施策を実施していない企業の規模の傾向、②施策実施中の企業が抱える課題、③在宅勤務の支援実態およびサテライトオフィスの導入方針について考察を行った。時差出勤を実施していない企業には、会社規模20名以下（都心3区の事業所の80%、ワーカーの17%）の小規模企業回答者のうち66%、21名以上300名未満の中規模企業のうち52%、300名以上の大企業のうち18%が含まれた。フレックスタイム制度を実施していない企業には、小規模企業・中規模企業回答者のいずれも84%、大企業のうち57%が含まれた。テレワークを実施していない企業には、小規模企業の47%が含まれたのに対し、大企業においては7%のみが含まれた。以上より、各制度導入は小規模企業で停滞している傾向があり、大企業であっても一定数は支援の充実に課題が残ることがわかった。業種別では、都心・副都心部に就業者の多い業種のうち、ワーカーが現場対応する必要性の高い卸売業・小売業の本社において、出社率抑制およびフレックスタイム制度導入に課題が見られた（n=29と小サンプルなので統計的有意性までは示されない）。

　また、別途調査した都心3区をメインオフィスとするワーカー対象のアンケート（n=1500、5.1節で詳述）[10]では、4.2節で問題提起したとおり、生活関連サービス・娯楽業は、医療・福祉業、教育・学習支援業と並び、5日以上出社しているという回答者の割合が半分以上を占めた。そして、出社率抑制・各種の働き方制度を導入していない企業（回答者4割）は、業種に関わらず、すぐには制度を動かす意向がないこともわかった。調査時点で、時差通勤、フレックスタイム制度、テレワークのいずれかを実施している企業(n=253)では、施策実施上の課題ありとの回答は13%にとどまった。一方で、ピークレス化に対するフレックスタイム制度の効果については、表4.3にあるように、コアタイム開始時間は大半の場合9〜10時台となっており、それまでに勤務場所に移動しておかねばならないため、ピーク時の後などへの通勤時間の大幅な分散をもたらす状況にはないと見られる。

　コロナ禍以前からリモートワーク普及が見られたドイツの状況を参照すると、労働時間でなく成果のみに基づくような人事制度導入があった中で、コロナ禍に見舞われ、さらなる制度推進がなされていた。他方、日本では

前述のように制度運用に問題なしという認識の企業が大半だが、コロナ禍で緊急的な施策実施のみ先行し、施策に適した管理・人事評価制度改革まで至っていない企業層も存在することが示唆された。なお、企業総務・人事担当者から働き方施策の運用に対して主に挙げられた課題（自由記述）は、「勤務状況の確認困難・管理が大変、勤怠不正の疑い」「評価、労働生産性に関わるもの」「社内のコミュニケーション減少および仕事内容の見える化困難」「モチベーション、メンタルヘルス、体調不良を理由にした在宅勤務増加」などがあった。また、さらに、テレワークを認めている企業に、在宅勤務の支援状況を尋ねたところ、「なし」が約50%を占めた（複数回答、回答数n=244）。次いで機器配布が30%、実費補助が22%、オンライン環境を活かしたプログラム実施が10%であった。

表4.3　フレックスタイム制度導入企業のコアタイム時間規定(n=81)

開始	9時台	6
	10時台	43
	11時台	27
	その他	9
終了	14時台	13
	15時台	51
	16時台	8
	その他	13

　図4.6は、コロナ禍以前のオフィスの立地（上）、オフィス内環境（下）に関するさまざまな条件について、計7つの観点（立地条件では①取引先・顧客への営業効率、②社内の業務効率向上、③採用・人事、④関連業界・業種の情報収集、オフィス内環境では①個々人の作業効率、②部署内のチームワーク円滑化、③異なる部署間など人の交流）において「企業として方針を持って考慮していた条件があったか」を問うた結果で（n=300、複数回答可）、いずれの観点においても「なし」という回答が約60%と大半を占めた。コロナ禍を経てこうした方針の見直しがあったかという質問に対して、「あった」という回答は、立地条件n=3、オフィス内環境n=7のみで、極めて少ないと見られる。これより、第3章で取り上げた東京都による調査（2018年）の結果も踏まえると、国内企業ではワーカーの勤務場所

への考慮が十分に定着していない中、コロナ禍に見舞われたと言える。

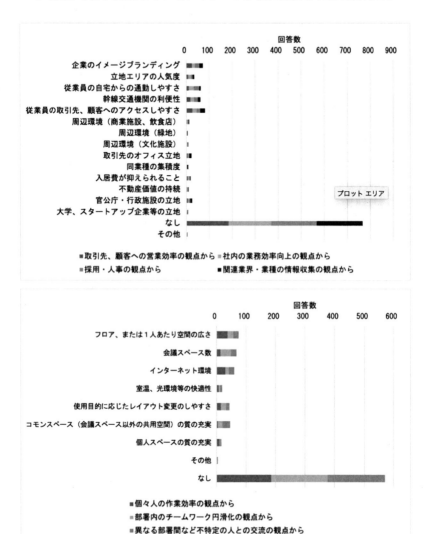

図4.6　コロナ禍以前の立地条件（上）、オフィス内環境(下)のそれぞれで、
回答企業が考慮していた条件

サテライトオフィス導入についても、図4.7に示すように回答時点で導

入済が17%、今後の検討が12%である。成果に焦点を当てた人事として、ワーカーの能力の改善に積極的に働きかける「高業績ワークシステム (High Performance Work System)」と呼ばれる内容に関連する取り組み（都内では、従業員数100人以上の企業の6割で導入）を採用する企業 (n=134) に着目すると、そのうち60%がオフィス環境条件を考慮していた（上記図4.6について「なし」以外を回答）。コロナ禍以後のサテライトオフィス契約実態および方針についても、回答者全体ではサテライトオフィス導入済みまたは導入意向有の企業は約30%だが、同システムに関連する内容を採用する企業層に絞ると、45%と相対的に大きい。また、クロス集計の結果、同層では今後、鉄道事業者が仮に料金を変更するなどして通勤コストを上昇した場合に、8割は何らかの施策を行う意向があることがわかった。アンケート回答者全体で同様の意向を示したものは2〜3割にとどまっている中、高い割合であると言えよう。

- コロナ禍以前から
- コロナ禍を受けて導入
- しておらず今後検討
- しておらず今度も予定なし

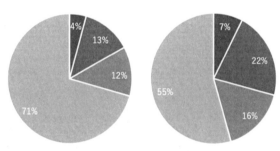

図4.7　全回答者（左）と高業績ワークシステム採用企業（右）の
サテライトオフィス契約方針

以上より、下記が示唆された。

(1) 出社率を抑制する要請を取りやめ、各企業の判断に任せるという政策方針に転換した後にも、出勤者の3割削減が達成された。ただし、コロナ禍にテレワークを取り入れた企業の2.5割は上司裁量や試行として実施しているものであり、今後、この層のリバウンドの可能性もゼロではない。
(2) 都心に立地する業種のうち、ワーカーの現場対応が必要となる業種では、本社であっても出社率抑制が進んでいない可能性がある。そうした

業種はコロナ禍によって受けた影響も大きく、ワーカーの福祉に対する配慮が必要になる。10年後程度のスパンでは、2.3節に示したような医療・福祉系ワーカーのさらなる増加など、都心の現場対応型業態・業種の構成に転換が起きていくと見られ、これを前提とした見通しを立てる必要性がある。

(3) 企業にさらなる自助努力を求められるのかという点については、成果評価型雇用（高業績ワークシステム、またはこれに類する方策の導入）の浸透にも左右される。回答者の4割を占めていた成果評価型雇用企業層ではオフィスの環境づくりに目を向けようという意欲が相対的に高い。他方で、サテライトオフィスに対してはそれほど高い関心がもたれておらず、サテライトオフィスの供給を担いつつある開発事業者との連携可能性（オフィスの多様性向上、マッチング）があると推察する。

4.4　考察：動きはじめた企業の姿勢

　成果評価型雇用導入を起点に通勤やオフィス意向の変化が起きる可能性があるが、こうした雇用形態は元々業績が良い企業がさらなる発展のために選択するケースが多いと見られる。これらに対し、働き方の変化が停滞している小規模企業における働き方施策実施については、マンパワーが小さく経営状態にも左右されると考えられるため、例えば、業績躍進の時点をターゲットとした中小企業経営強化税制（1000人未満対象）のメニュー充実（現行は機器設置が中心だがサテライトオフィス契約試行を含める等）を行うことで、徐々に施策が浸透する可能性がある。とはいえ、現在小規模企業ワーカーが都心ワーカー総数に占める割合は17%と大多数ではないため、ピークレス化の推進という目的に焦点を当てると、むしろ未実施の大企業に対するアプローチが重要であろう。

　本章では、企業総務アンケート分析から、コロナ禍を受けて働き方や通勤方法についての制度変更を行った企業、実施を検討している企業は、暫定的な実施の段階のものも含め、ある程度存在していることを示した。ま

た、コロナ禍以前から東京都市圏に立地する企業のワーカーのための勤務環境整備に対する関心が以前から低かったことや、成果評価型雇用を導入する企業ではサテライトオフィス含むオフィス環境の整備に対して、比較的、関心が高い傾向にあることも明らかにした。

第5章

ワーカーの変化

5.1　働き方の変化

　本章では、企業等に務めるワーカーを対象とした通常形式のウェブ調査
とともに、独自形式のダイアリー調査、若年層を対象としたインタビュー
調査を実施して、ワーカーの意識や行動、意向がコロナ禍を経て、どう変
わったかを考察する。

　まず、4.3節で解説した企業総務アンケートと同時期に行った、ワーカー
向けのアンケート結果を記す（1都4県居住者、コロナ禍以前から都心3区
をメインオフィスとして働いていたワーカー、n＝1500）。出勤時間につい
ては、ワーカーの通勤時間や頻度の裁量を高めるといった既存の働き方施
策の推進のみでは、午前10時以降のオフピーク通勤層増加にまでは転じる
ことはないことが示唆された（図5.1の混雑するピーク時間帯7〜9時台に
乗車したいという意向を足し合わせると全回答者の52％）。テレワークは
全回答者の66％が行っており、そのうち自宅の利用時間の割合が80%以
上であり、大半のワーカーがメインオフィスに行くか終日在宅勤務とする
かの二者択一、つまり、勤務する場所を時間単位でなく日単位で切り分け
ているようである。これは、第3章で述べたコロナ禍前のテレワークの仕
方とは異なる。1日の中で場所を切り替えていると見られるのは回答者の
11%に過ぎず、3拠点以上の働く場を使い分けている人々に多い。メイン
オフィスへの出勤日決定要因については、「企業や所属部署が決定（自己裁
量なし）」47%、「（打ち合わせやチームワークが必要など）その日の業務内
容」39％の順に割合が高かった。出社頻度については、全回答者を対象に
意向回答と実態回答との差分をとると、5日以上という意向の回答数は実
態の回答数よりも15%少なく、2〜3日という意向の回答数が実態の回答
数よりも11%多い結果となった。つまり、出社頻度を少なくしていきたい
という一定の層の存在がうかがえる。

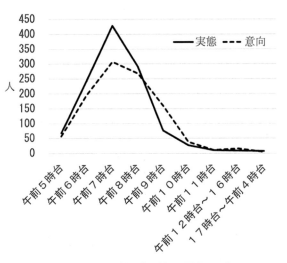

図5.1 通勤時間帯（往路）に関する回答

　次に、出社および通勤形態に関する意向が実現した場合に、それを取りやめるに至り得る要因について、メインオフィス以外での勤務場所に関する意向と理由の観点から確認する。「現在と同様または頻度・時間増加」が全回答者の52％で、「継続（実施）しない」（全回答者の16％）「頻度・時間減少」（全回答者の31％）を合わせた回答者数と拮抗した。一方で、テレワーク実施者の9％（全回答者の約6％）には、メインオフィス勤務への回帰傾向（テレワークを「継続（実施）しない」「頻度・時間減少」と回答）がある（表5.1）。

　「現在と同様または頻度・時間増加」したい人は、時間の有効活用を評価している。一方で「継続（実施）しない」「頻度・時間減少」と答えた人は、コミュニケーションに問題を感じる傾向にある。体調面や作業のしやすさに関しては、評価が分かれた。テレワーク非実施者(n=508)かつ「継続（実施）しない」「頻度・時間減少」回答者はn=329（非実施者の65％）であったが、実施者(n=992)かつ同回答者はn=87（実施者の9％）と、前者の値が大きい。さらに層別に分析すると、テレワーク非実施者には今後のテレワーク実施の意向を示す割合が小さいが、上司の方針の影響が大きいと考えられる20代と文書業務の多い総務部門で、テレワーク非実施者で

あっても出社頻度を減少したいとする意向が見られた。

　終日テレワーク実施者 (n=785) に限り、主観的生産性に関しても尋ねた。事務処理や決済手続き/分析作業や資料作成/メール・SNS・電話対応/情報共有と、説明を目的とした会議/ディスカッションを目的とした会議のいずれかが「効率が向上/やや向上」した者は、このうち36%だった。また、さらにこの36%に勤務環境への満足度を問うと、テレワークに対して好評価であっても、最寄り駅圏内でのみ場所を持つ人々には、最寄り圏外を含む3拠点以上の選択肢を持つ勤務者よりも不満と考える人が多い傾向がある。これにより、テレワークを継続したい人々の意向が実現したにも関わらず、しばらくしてテレワークを取りやめてしまうという事態を防ぐためには、仕事上のコミュニケーションのしやすさ等のための自宅環境の質向上、または自宅に代わる場所の多様な選択肢が求められることが示唆された。

表5.1　リモートワーク実施者の継続意向と理由
(同様または時間・頻度増加したいn=785、減少したい・継続しないn=715)

回答グループ	理由	全回答数に占める割合
現状と同様、または時間・頻度増加したい	[1]自分の時間がとりやすいため	13%
	[2]通勤時間を仕事に充てられるため	15%
	[3]体調に合わせて勤務および休憩のペースを調整しやすいため	6%
	[4]通勤の必要がないため、身体能力に左右されず、働く機会が得られるため	2%
	[5]作業効率が上がる、集中できる環境がつくりやすくなるため	3%
	[6]家事や育児など、家の用事ができるため	1%
	[7]同居している家族と過ごし、直接話す時間を増やすことができるため	7%
	[8]遠距離のコミュニケーションがとりやすくなるため	7%
	[9]新しいアイデアが生まれやすいため	7%
	[10]オンラインを活用することで、友人・同僚とのコミュニケーションの頻度を増やすことができるため	1%
現状より時間・頻度減少したい、または継続意向なし	[1]知人、友人、同僚などとのコミュニケーションに距離を感じるため	6%
	[2]仕事とプライベートの境界が曖昧になりメリハリがつけにくいため	2%
	[3]自宅では作業スペースがないため、作業効率が低下するため	4%
	[4]移動する機会が減り運動不足になりやすいため	4%
	[5]自宅では作業が集中しづらい環境にあるため、作業効率が低下するため	6%
	[6]新しいアイデアが生まれにくいため	4%
	[7]自宅など同じ場所に留まることで孤独やストレスを感じるため	3%
	[8]新たな知り合いをつくる機会が減少するため	2%
	[9]通勤時間中の趣味の活動（音楽・ビデオ鑑賞、読書等）がなくなるため	3%
	その他	2%

　以上より、東京都都心3区オフィスワーカーの働き方と通勤形態の特徴として、政府の出社7割削減要請解除後も回答者の66%がテレワークを実

施しているものの自宅以外の働く場の選択肢が限られ、その多くが、メインオフィスと自宅にて各々およそ週2日と3日で終日勤務として切り分ける傾向が示された。東京都市圏企業の全体的傾向として、働き方施策のうち時差出勤とテレワークはある程度浸透してきているが、勤務場所についてはあまり対策を施されておらず、そうした対策が手に届いていないワーカー層には不満が見られた。勤務場所に関する意向については、全回答者の6%にメインオフィス中心への回帰が見られた。

5.2　フレキシブルオフィスの使われ方

5.2.1　はじめに

　3.3.1項で述べたように、サテライトオフィスはメインオフィスと自宅以外に確保できる第3の勤務場所であり、多様な働き方を実現するための一つの鍵である。2019年から2021年にかけて、主要5ブランドのサテライトオフィスは都心3区であっても2倍、郊外に至っては4〜6倍に増えた。このようなサテライトオフィスの急増は、「郊外の住宅と都心のメインオフィスを朝夕に往復する」という画一的な通勤行動ではない新たな移動パターンを生み出し、ピークレス社会の実現を後押しすると期待できる。そこで1日の移動の連鎖の中でサテライトオフィスがどのように使われているかについて、詳細なユーザー調査を実施した。本節ではその分析結果を報告する。分析は、東京大学生産技術研究所本間健太郎研究室にて、特に特任研究員の松井研人の協力によって行われた。なおここでは、サテライトオフィスだけでなく、コワーキングスペース、シェアオフィス、サービスオフィス、レンタルオフィスも含めて、「フレキシブルオフィス」と総称する。

　本節ではまず調査の概要を記した後、フレキシブルオフィスのヘビーユーザーの実像をあぶりだし、3つの利用パターンを抽出する。続いて、フレキシブルオフィスの利用は空間的にも時間的にも「都市のピークレス化」を後押ししていることを示す。最後に、現状ではフレキシブルオフィスはご

く少数の人たちのためのサービスにとどまっているが、メインオフィスや在宅勤務と同等かそれ以上に評価されていることを示す。このようなフレキシブルオフィスの魅力が周知されれば、サービスがさらに普及する可能性が高く、ひいては都市のピークレス化につながると期待できる。

5.2.2　調査の目的と概要

　実施したのは、独自形式のダイアリー調査である。東京近郊でフレキシブルオフィスを頻繁に利用しているワーカーを対象に、ワークプレイス・ポートフォリオの実態と、各勤務場所の主観評価を詳らかにするために行った。ここでいうワークプレイス・ポートフォリオとは、メインオフィス、自宅、そしてフレキシブルオフィスの使い分け方のことである。

　5.1 節に示したとおり、多くのワーカーは積極的には勤務場所を使い分けておらず、使い分けるとしても、ほとんどのケースは「終日メインオフィス勤務とする」か「終日在宅勤務とする」かの2択にすぎない。しかし、勤務場所をもっと軽やかに使い分けるフレキシブルオフィスのヘビーユーザーが、ごく少数だが存在する。後述するように、その少数派は近未来の柔軟な働き方のアーリーアダプターであり、今後このようなワークスタイルが普及する可能性が見て取れる。そこで、ピークレス社会の近未来像の一端を示し、また望ましい未来への誘導方策を掴むために、彼ら彼女らの行動と意識を細かく調査した。

　2022年3月25日（金）、その後追加で3月30日（水）に、1都3県在住の有職者で18〜99歳のクロス・マーケティング社のモニター約93.3万人にリクエストを配信し、まず、合計約10.4万人にスクリーニング（条件に合致する回答者の選別）のためのウェブ調査に参加してもらった。その後スクリーニングを行い、259人の回答者にそのまま本調査に進んでもらった。主なスクリーニング条件は「配信日の前々日と前日の2日間に1回以上フレキシブルオフィスを利用した」というものである。この条件を満たすスクリーニング通過者は、フレキシブルオフィスのヘビーユーザーである可能性が高いが、10.4万人のうち259人、つまり0.25%ほどしか存在しなかった。

　本調査では、この259人のフレキシブルオフィスユーザーに、リクエスト配信日の前々日と前日の行動、例えば何時から何時までどこで働き、どのような作業をし、その場所の勤務環境はどのようなもので、その場所で働くことを誰が決め、その場所への交通手段は何か、ということを詳細に記入してもらった。また「集中できるか」「円滑なコミュニケーションをとれるか」などの15の勤務場所評価項目について、メインオフィスと自宅とフレキシブルオフィスそれぞれの評価をしてもらった。ほかにも、勤務場所の使い分け方について将来の希望を問うなど、多くの質問を行った。

　フレキシブルオフィス提供企業が主導して利用者にアンケート調査を行った例は多くあるが、この調査はフレキシブルオフィス外部での行動も問い、1日の移動の連鎖の中でどのように勤務場所を使い分けているかのデータを得た点に独自性がある。またコロナ禍で増えた多くの働き方調査とも異なり、個人単位の実行動と評価を併せて聞いているため、多くのクロス集計ができることも特徴である。

5.2.3　フレキシブルオフィスのヘビーユーザーの実像

　スクリーニング調査回答者10.4万人を「一般ユーザー」、本調査回答者259人をフレキシブルオフィスの「ヘビーユーザー」と呼び、まず彼ら彼女らの属性を概観する。ヘビーユーザーは一般ユーザーに比べて「都民が多く、埼玉・千葉県民が少ない」「やや若い」「役職付きが多い」「職種は営業や企画が多く、事務や技術が少ない」「業種は情報通信業が多く、サービス業が少ない」「メインオフィスはあまり使わず、営業先によく行き、カフェやホテルでも働く」という、ある程度は予想通りの特徴が見られた。勤務場所を選ばないあるいは外回りの多いワーカーがヘビーユーザーになっているのである。役職付きが多いことはやや意外であったが、働き方を決める裁量がなければ、そもそもフレキシブルオフィスを利用し得ないからであろう。

　次に3種類の勤務場所それぞれの出勤頻度と勤務時間を見る（図5.2）。これらはヘビーユーザーが各自の平均値として答えた値である。なお出勤頻度が週0.5日以下と6日以上の利用者は除外し、勤務時間の外れ値も除

外している。まずメインオフィスにおける1日の勤務時間の中央値は約7時間で、これは出勤頻度にほぼよらない。在宅勤務も、多少ばらつきがあるが同じような水準である。一方でフレキシブルオフィスについては、利用回数が週3回までのユーザーは、中央値として1日当たり約3時間の利用である。この数値は後に述べる「タッチダウン」または「ノマド」的な利用が主に反映されたものであろう。これが週4のユーザーになると5時間の利用、そして週5のユーザーは7時間の利用と、頻度が増えると利用時間も増えていく。このように高頻度で長時間利用するのは、メインオフィスの代替として「直行直帰」的に利用するユーザーと考えられる。

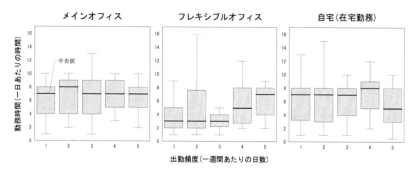

図5.2　勤務場所別の出勤頻度と勤務時間

　表5.2には、ヘビーユーザーによる2日間のダイアリーをもとに、仕事内容と勤務場所の相性を示した。表内の値が1であれば当該行の仕事内容と当該列の勤務場所の相性が標準的であり、1より大きいとその相性が良いことを意味する。表からは、対面での営業・接客・会議と、営業先・現場は好相性、といった当たり前の結果がまず目に入るが、注意深く見ると読み取れる知見がいくつかある。まず個人での単純作業・知的作業との相性は、メインオフィスおよびフレキシブルオフィスが標準的で、自宅はそれより若干良い。またオンライン会議は、メインオフィスよりも、相対的にはフレキシブルオフィスか自宅で行われる傾向がある。さらに、オンライン会議でも発言が少ないものは自宅で、発言が多いものはフレキシブルオフィスで行う、という若干の使い分けが存在しそうである。これは、ワーカーと同僚あるいは同居家族との間で発生する、オンライン会議中の音ト

ラブルが影響している可能性がある。また対面での会議や接客をするとき
は、相対的にはフレキシブルオフィスよりメインオフィスを使う傾向があ
る。以上から、現状のフレキシブルオフィスは、他の勤務場所と比べて、
概ね個人作業やオンライン会議に使われることの多い場所と言えよう。

表5.2　仕事内容と勤務場所の相性

	メインオフィス	フレキシブルオフィス	自宅（在宅勤務）	営業先・現場
個人での単純作業	0.96	0.98	1.20	0.42
個人での分析や決断などの知的作業	0.96	1.05	1.16	0.40
電話	1.16	0.91	1.03	0.57
対面での打ち合わせや会議（発言少ない）	1.57	0.78	0.33	1.86
対面での打ち合わせや会議（発言多い）	1.43	0.80	0.28	2.37
オンラインでの打ち合わせや会議（発言少ない）	0.69	1.22	1.43	0.42
オンラインでの打ち合わせや会議（発言多い）	0.72	1.35	1.24	0.46
デスクワーク以外の作業	1.14	0.89	0.47	2.26
対面での営業	0.38	0.52	0.10	7.52
対面での接客	1.27	0.52	0.27	3.82
その他	0.00	1.45	1.89	0.67

表内の値は、当該行の仕事を当該列の場所で行う「二重に正規化した頻度」、つまり仕事内容と勤務場所の「相性」を表す。
もし仕事内容と無関係に勤務場所が選ばれれば、値は1になる。これが1より大きいことは、その仕事と場所の相性が良いこ
とを意味するが、頻度そのものが必ずしも高いわけではないことに注意されたい。

5.2.4　フレキシブルオフィスの利用パターン

　次にフレキシブルオフィスの利用パターンに応じて、ヘビーユーザーを
3つに分類する。ここでは2日分の行動パターンを分割して1日ごとに「1
人」とカウントする。つまり、実際は回答者259人のうち87人が2日間と
もフレキシブルオフィスを利用していたのだが、これをのべ346（＝259＋
87）人の回答者がいるとみなしている。

　1つ目の類型は「直行直帰型」（118人＝34%）である。これは自宅から
フレキシブルオフィスに行き、その後自宅に戻るパターンであり、在宅勤
務を組み合わせるケースも含む。いわばメインオフィスの代わりにフレキ
シブルオフィスに「通勤」する、コロナ禍で急増した類型と思われる。2つ
目の類型は「タッチダウン型」（50人＝15%）で、フレキシブルオフィス
勤務の前後に営業先か現場を訪れるパターンである。例えば「現場を訪れ
てからフレキシブルオフィスに寄って自宅に帰る」「営業先に行った後にフ
レキシブルオフィスに寄ってから次の営業先に行く」などのケースが見ら

れる。これはメインオフィスへの移動による時間ロスをなくすためにフレキシブルオフィスを使う、コロナ禍以前から見られた類型である。

　以上2つの類型に収まらない行動パターンを「ノマド型」（178人＝52%）と呼ぶことにする。このように一つの類型にまとめたのは、一見多様に見えるノマド型に共通点があるからで、それは、直行直帰型とタッチダウン型のように単にメインオフィスの代替としてフレキシブルオフィスを使うのではなく、勤務場所を切り替えることに積極的な価値を見出しているように見える点である。実際にノマド型の約半数の行動パターンは「メインオフィスに行った後にフレキシブルオフィスに寄ってから、営業先や現場ではない場所に行く」というものであり、ほかにも「カフェで作業してからフレキシブルオフィスに寄った後、帰宅して在宅勤務する」などの行動も見られる。わざわざフレキシブルオフィスに寄らずに、メインオフィスやカフェや自宅で働く時間を延ばせばよいのではと思わされるものの、ノマド的に勤務場所を変えることに移動時間ロスを上回る価値を感じているのであろう。もちろん勤務内容に応じて勤務場所を選んでいるので、オンライン会議のためにフレキシブルオフィスに寄った可能性もあるが、それも含めて、勤務場所のノマド的使い分けは現代的な現象と考えられる。

　直行直帰、タッチダウン、ノマドという3種の行動パターンはかなり異なるため、いろいろな観点で比較ができる。一例としてフレキシブルオフィスでの仕事内容を見ると、オンライン会議が最も多いのは直行直帰ユーザー、次に多いのがノマドユーザーで、タッチダウンユーザーはオンライン会議より電話を好む。また個人での知的作業が多いのも、直行直帰、ノマド、タッチダウンの順である。このように、フレキシブルオフィスでは直行直帰ユーザーが最も腰を据え、タッチダウンユーザーはその名のとおり短時間の立ち寄り、ノマドユーザーはその中間と言える。

5.2.5　フレキシブルオフィスの利用による都市のピークレス化

　調査では勤務した地域と時刻も尋ねたので、空間と時間に関する分析が可能である。紙幅の都合上ここでは載せないが、勤務場所を地図上にプロットしてみると、メインオフィスは都心に凝集し、在宅勤務場所は郊外も含

めて分散している。フレキシブルオフィスはその中間にあり、中でも山手線・中央線・京浜東北線・田園都市線の沿線上で目立つ。またワーカーごとに1日の行動を見ると、3.3.1項でも述べたように、自宅・メインオフィス・営業先の近くの主要駅にあるフレキシブルオフィスがよく利用される。特に直行直帰ユーザーについては、郊外の自宅から少しだけ都心方向に移動して、メインオフィスへの通勤経路上のフレキシブルオフィスで勤務し、その後自宅に戻るパターンが典型である。したがって、メインオフィス勤務からフレキシブルオフィス勤務に変わることは、在宅勤務に変わることほどの変化ではないにせよ、通勤距離の削減による都市の「空間的」なピークレス化に寄与すると言える。また数は少ないが、自宅から郊外方向のフレキシブルオフィスへ「逆通勤」するワーカーも見られ、それが増えれば、鉄道旅客輸送量の上りと下りのアンバランス改善につながるだろう。

　業種・職種別に見ると、製造業のワーカーはメインオフィスへの出社率が高く、在宅勤務とフレキシブルオフィス勤務の時間が短めである。逆に情報通信業のワーカーはメインオフィスへの出社率が低く、在宅勤務とフレキシブルオフィス勤務の時間が長めで、都心からやや外れたフレキシブルオフィスを利用しがちである。営業職は意外と在宅勤務が長く、フレキシブルオフィスの利用時間が短い。

　移動の連鎖を見ると、メインオフィス勤務の前後には、都心のフレキシブルオフィスを使うケースが多く、郊外フレキシブルオフィスの利用や長時間の在宅勤務は少ない。一方で在宅勤務の前後には、東京の西・南エリアでは郊外フレキシブルオフィスがよく利用されているが、東・北エリアではそれが少ない。また営業先や現場に行く前後に短時間フレキシブルオフィスを利用する、といったパターンも見えてきた。

　利用パターン別では、利用したフレキシブルオフィスの都心への凝集度は、タッチダウン型で最も高く、その次にノマド型で、直行直帰型が最も低い。逆にフレキシブルオフィスの滞在時間は、直行直帰型、ノマド型、タッチダウン型の順で長い。例外はあるものの、このことから「郊外の自宅から近くのフレキシブルオフィスに直行直帰」と「営業のスキマ時間などに都心のフレキシブルオフィスにタッチダウン」という両極と、「その中間的な行動パターンとしてのノマド」という構図が見えてくる。

　また勤務と移動の時刻について分析すると、フレキシブルオフィスの利用は、朝の都心行き方向と夕方の郊外行き方向の移動だけでなく、昼間の移動も多く生み出すことがわかった。特にタッチダウン型とノマド型は、フレキシブルオフィスへの入退館時刻が1日を通して平準的である。このことから、フレキシブルオフィスの活用は、都市の「時間的」なピークレス化を促進すると考えられる。

5.2.6　フレキシブルオフィスの評価

　次にフレキシブルオフィスのユーザーの主観評価を分析する。フレキシブルオフィスはメインオフィスや自宅での勤務に比べてどの点で評価されているのか、またどの属性のユーザーに評価されているのかを明らかにする。

　図5.3に、働く場所による評価の違いと評価項目の重要度を図化した。調査では、メインオフィスとフレキシブルオフィスと自宅の3か所それぞれを、「作業を効率よく行える」「コミュニケーションをとりやすい」などの項目ごとに1〜5の5段階で評価してもらい、その評価項目の重要度も同様に5段階で回答してもらった。それをもとにして、図5.3では、「フレキシブルオフィスとメインオフィスの評価値の差」および「フレキシブルオフィスと自宅の評価値の差」を横軸に、重要度を縦軸にして、各評価項目をプロットしている。

　図5.3からわかることとして、フレキシブルオフィスでの単純作業と知的作業の効率性は、メインオフィスおよび自宅に比べて同等かそれ以上だと評価されており、これら作業特に知的作業の効率性は、勤務場所を選ぶに当たってとても重要な要素だと認識されている。またフレキシブルオフィスのメインオフィスに比べた利点としては、移動に伴う時間と費用のロスが少ないことと混雑を回避できることが高く評価されている。さらに、フレキシブルオフィスおよび自宅での勤務は、メインオフィスでの勤務に比べて人間関係のストレスが少ないことも評価されている。この点もまた勤務場所選択に当たって重要であり、「単純作業を効率よく行えること」や「移動の時間と費用のロスが少ないこと」の重要度と同レベルとみなされている。フレキシブルオフィスの在宅勤務に比べた利点としては、仕事とプ

ライベートの切り替えがうまくできてリフレッシュできることと、光熱費などの費用負担を気にしなくて済むことが高く評価されている。一方で、仕事仲間や上司とのコミュニケーションおよび自身の仕事ぶりのアピールは、フレキシブルオフィスと自宅に比べてメインオフィスの方が適していると強く認識されている。

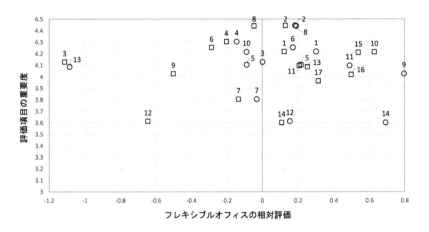

□：「フレキシブルオフィスの5段階評価値」から「メインオフィスの5段階評価値」を引いた値
○：「フレキシブルオフィスの5段階評価値」から「自宅の5段階評価値」を引いた値

1: 単純作業を効率よく行える
2: 知的作業を効率よく行える
3: 仕事仲間や上司とのコミュニケーションをとりやすい
4: オンライン会議・電話を気兼ねなく行える
5: 勤務時間を自分で決められる
6: 十分な執務スペースがある
7: 集中や気分転換のために他の席やスペースを選べる
8: 執務環境（静寂性・室温・回線速度など）が快適
9: 自己費用負担（利用料金や光熱費）を気にしなくてすむ
10: 人間関係のストレスが少ない
11: 仕事とプライベートの切り替えができてリフレッシュできる
12: 仕事ぶりをアピールできる
13: 勤務時の感染リスクが低い
14: 周辺施設が充実している
15: 移動における時間と費用のロスが少ない
16: 移動時の混雑を回避できる
17: 移動時の感染リスクが低い

※15 - 17は，自宅についての評価を求めていないので，□のみ記載

図5.3　フレキシブルオフィスの相対評価と評価項目の重要度

　また統計的な検定は行っていないが、ユーザー属性別の評価の分析からもさまざまなことがわかる。利用パターン別では、直行直帰型ユーザーは、タッチダウン型とノマド型に比べて、フレキシブルオフィスは執務環境が良く、費用負担が少なく、仕事とプライベートの切り替えができ、そして作業効率が良い、と評価している。また年齢別では40代以上のユーザーは

30代以下に比べて、役職別では上位の役職のユーザーは一般社員クラスに比べて、それぞれフレキシブルオフィスでの作業効率を高く評価する傾向がある。雇用形態別では、自営業のユーザーは会社員に比べてフレキシブルオフィスでの知的作業の効率性を高く評価する傾向が見られる。そのほか、業種別では、情報通信業のユーザーはフレキシブルオフィスでの知的作業の効率性を高く評価する一方、製造業のユーザーは低く評価する傾向が見られる。利用日数別では、週当たり2〜4日ほどのユーザーは、週0〜1日あるいは毎日のユーザーに比べてフレキシブルオフィスでの作業効率を高く評価する傾向がある、といった点も興味深い。

　以上、フレキシブルオフィスのユーザー調査について報告した。サテライトオフィスの出店数はハイペースで増えているが、調査2日間に1回以上フレキシブルオフィスを利用したのは、10.5万人中259人 (0.25%)にすぎなかったことは既に述べた。ただしこの259人のうち、2日間ともフレキシブルオフィスを利用した人は87人 (34%)にも上る。このことから現在のフレキシブルオフィス市場はごく少数のヘビーユーザーが支えていることが示唆される。このヘビーユーザーが感じている前述の魅力が広く知れ渡れば、フレキシブルオフィスがより普及する可能性が高く、ひいては都市のピークレス化を推進すると期待できる。

5.3　若者世代へのインタビューからの示唆

　コロナ禍により暮らし方や働き方の価値観に最も影響を受けたのは、20〜30代の若者世代であったという。[1]。急激にテレワークが取り入れられるなどしたコロナ禍の間に新社会人になる、という状況を体験した人々は継続的にこうした状況を望むのであろうか。また、ピークレスという考え方にどのような意見を持つのだろうか。このような観点から、我々はコロナ禍で新社会人となった少人数の協力者に対して、インデプスインタビューを行った。協力者は、概ね勤務先でテレワーク導入が検討・実施されているホワイトカラー・ワーカー中心で、業種を分散させて協力を募るといっ

た制御は行っていないため、本結果は若者総体の意見を反映してはいない。そのごく一部の意見の数例としてみていただきたい。

　まず、「ピークレスという概念、ピークレス社会における働き方について、問題や我々の提唱内容に配慮不足だと思う点があるか」という問いかけに対しては、ピークレスという概念に共感はするが具体的な実現策を知りたい、どう変化をもたらすのかわからない、誰もが享受できるものかわからない、コロナ禍収束後にどの程度のオンライン勤務が一人一人に求められるかわからない、というような回答があった。次に、「自身が勤務する企業では働き方の変更が実現可能と考えるか、障壁は何だと思うか」という問いかけに対しては、上司に対して生産性の面でのエビデンスが必要、オンラインでも生産性を落とさないマネジメントノウハウやツールが必要、打ち合わせが求められる業務の比率とそれに伴うスケジュール調整が障壁になりそうである、テレワークの場所の多様性が求められる、というような回答を得た。

　さらに、「通勤が困難なために現在諦めている活動があるか、いつの時間帯どの程度自由に使えればできるようになると思うか、新たに行ってみたい活動があるか」という問いかけに対しては、ゆとり、家族、スキルアップといったキーワードが示された。また将来、結婚や介護等で自分をとりまく家族環境が変わった際に、職場・住居の立地について、「東京都心・郊外・地方のいずれを選ぶ可能性があるか、その理由は何か」という質問を行った。これに対しては、ある程度個々の置かれた環境や経験に回答が左右され、家庭とのバランスを考えると将来は郊外に居住することに関心がある、都心居住の魅力や期待としては職場や文化コンテンツへのアクセス利便性およびさまざまな人との出会いが挙げられる、定期的に出社日があると考えると地方居住が選択に入らない、といった回答を得た。先述したとおり、本調査の対象は、日本の若者全体からすると偏りがあることは自明だが、このような視点の層が存在していることに着目しておきたい。

　若者世代の働き方への価値観は、コロナ禍以前から変化しつつあった。会社勤めを選択する場合に、やりがい・働きがいを求めるよりも安定志向が伸びてきている。第3章に触れたとおり、地方への関心の背景には必ずしも出世にこだわらないという価値観の変化があるとされる。また、立身

出世を考えて東京に出てきた親世代が東京に定住し、教育機会に恵まれた子世代は無理をせずに生計を立てることができるという、親世代が望んだ結果となっている可能性もある。国土交通省 [2] によると、東京都市圏在住者には、東京都市圏出生者や両親とも東京都市圏出身者である人が増加しており、東京都市圏の大学生についても、約7割を東京都市圏の高校出身者が占めるまでになっている。

　文部科学省調査 [3] によると、女性の進学率も東京都が一番高い。とはいえ、東京都市圏において進学した女性（25〜44歳）の活躍にはハードルがある。日本総合研究所の調査 [4] によると、新卒時点で正規雇用の職に就いた女性のうち、結婚・出産した女性の約8割が正規雇用の職を離れ、うち約6割が専業主婦へと移行する。最も大学難易度区分の高いグループにおいても、正規雇用比率は48.3%と5割に達しておらず、およそ2人に1人は正規雇用の職に就いていない。つまり、活躍を期待されている女性も、出世はおろか、仕事と家庭の両立が厳しい状況にあることが示唆されており、そもそも企業が人材像として求めるような、働きがいを持って勤務に当たる余裕がなくなっていくようである。同調査では、報酬や自己成長への意欲が高い人であっても、働き続ける中で、長時間労働を含むハードワークに対する許容度合いが大きく低下する傾向も明らかにされた。これを軽減することが、意欲のある女性の活躍促進につながる可能性があると考えられている。ピークレス化が実現する身体的・精神的負担の軽減は、若者世代や女性ワーカーの望む「ゆとりのある」「無理をしない」ワークスタイル実現に寄与する可能性が高いと言えよう。

第6章
東京の通勤鉄道の変化

6.1　はじめに

　2020年4月以降の緊急事態宣言の影響を受けた結果、東京都市圏の通勤鉄道の利用者は大幅に減少した。例えば東急電鉄の場合、同社IRサイトに載っている年度別の鉄道利用者数データから計算すると、2019年度に対して2020年度は、鉄道利用者全体では32％減少している。定期券利用者と定期券以外利用者で分けた場合では、定期券利用者で34％減、定期券以外利用者で30％減となる。2021年度は、2019年度との比をとると全体では24％減、定期券利用者では30％減、定期券以外利用者では16％減まで回復している。全体としては回復基調ではあるが、定期券利用者と定期券以外利用者には差がある。東急電鉄の鉄道事業全体での収支については、2019年度には250億円の黒字であったのに対し、2020年度は159億円の赤字まで落ち込んだ。その後持ち直して、2021年度は8億円の赤字に持ち直し、2022年度に7億円の黒字まで回復している。利用者数の減少による減益の中で収支を改善できている背景には、運行本数の見直しをはじめとする徹底した合理化の成果を見ることができる。

　我々の研究グループは、2021年度に東急株式会社・東急電鉄株式会社の協力のもと、株式会社東急総合研究所への委託調査[1]を行っている。さらに、東京都市圏の4つの事業者に対して2022年6月にヒアリングを行い、その時点における今後の見通しについて事業の考え方を学ぶとともに、若干の意見交換を行った。以下では、まず、改札データに基づく調査の結果の一部を紹介し考察した後、事業者へのヒアリング結果をまとめ、鉄道がどう変わったのかを考察する。

1.2019〜2020年各年10月の平日20日における、通勤・通学定期券改札データを用いた鉄道利用実態調査。全距離帯で朝ピーク時に重なる7:00〜9:59の、東急田園都市線内5駅（渋谷・二子玉川・たまプラーザ・青葉台・長津田）について集計。

6.2 通勤利用の変遷

　改札データに基づく調査の対象としたのは、田園都市線の中で利用者数が多くかつ駅前に商業等の集積がある駅である。横浜市営地下鉄ブルーラインと接続しているあざみ野駅および、西側端点の中央林間駅は、他の駅と比べて商業集積が少ないと判断して、対象駅から除外した。各鉄道事業者が公表している利用者数の推移の中では明らかにはなっていない点として、定期券利用における通勤と通学の違い、コロナ禍での利用変化は距離帯に関連するのかどうか、があった。以下では、この2点についての分析結果の結論を示す。

　コロナ禍前のピーク時間帯（本データでは改札通過時刻7:00～9:59）における通勤定期券と通学定期券の比は、およそ4：1である。この比率は利用距離長によって若干変化し、5～10kmで比率は2.5：1と通学が多いことがわかった。一方、定期券以外の利用者は全体平均では23％であるが、30km以上の長距離利用では31％であった。

　2019年と2020年を比較すると、トリップ数全体では30％の減少となっているものの、通勤定期分が約27％減であるのに対し通学定期分は約3％の減少にすぎない。本書でこれまで述べてきたような住まい方や働き方の変化の影響は通勤定期券の売上には現れるものの、言うまでもないことであるが通学定期には現れてこないのである。通勤定期利用の内容を知るため、駅ごとに集計を行った結果の一部を示す。図6.1は1日乗降人員6万人、うち通勤定期券利用3万人のたまプラーザ駅、図6.2は1日乗降人員6.5万人、うち通勤定期券利用3.2万人の二子玉川駅のもので、利用距離帯別の減少度合いとその中での年代構成がわかる。これらを他の3駅（渋谷・青葉台・長津田）についても集計しまとめた結果、通勤定期は20～25km距離帯での利用者数減が著しいことが明らかになった。これは都心へ向かう典型的な郊外居住者層の利用距離帯でもある。また年代別では、20歳代および50歳代での減少幅が、30歳代および40歳代での減少幅よりやや劣る傾向になっている。

　本調査は東急田園都市線の2019年10月と2020年10月の比較であり、

どこまで一般化できるかは別とするものの、定期券利用者に占める通学定期券割合は2割程度で、その総量はコロナ禍を経ても大きくは変化していないことがわかった。一方で通勤定期券利用者は、中堅世代、また比較的長距離通勤の層を中心に減少していることがわかった。その後のリバウンドの様子も加味した判断が必要だが、必ずしも鉄道事業全般で同じように利用者が減っているわけではない。利用者の活動の時空間分散がある程度進みピークレス化への期待が高まるものの、それを維持させつつ鉄道事業として安定させていく工夫は、需要の特性を見極めて実施する必要があろう。

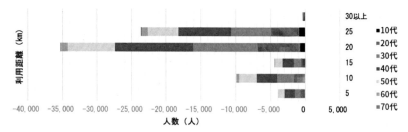

図6.1　たまプラーザ駅での通勤定期券利用者数変化量

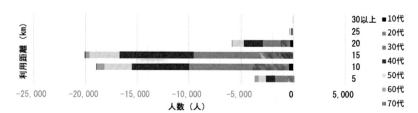

図6.2　二子玉川駅での通勤定期券利用者数変化量

6.3　鉄道事業者へのヒアリング

　2022年6月に東京都市圏の4事業者にヒアリングを行った。結果の概要は、表6.1に示すとおりである。主なヒアリング項目は、現状認識、見込み、オフピークへの誘導の考え方、ピーク時の着席サービス導入、経営判

断としての混雑率目標値、サテライトオフィス整備等への関心（表中はサテライトと短縮表記）についてである。コロナ禍によって生じた現状を極めて厳しいものと認識し、ある程度の混雑率の維持の必要性を認めつつ、一方で、サービスの改善、運賃の見直しにも強い関心があることがうかがえる。我々は、サテライトオフィス整備において鉄道事業と開発事業の連携があり得るかどうかという点に関心を抱いていたが、そもそも各鉄道事業者が自社で不動産部門を有し、既に郊外駅内の未利用空間を活用する試みを行っていること、試行的に展開しているサテライトオフィスの収益があまり芳しくなく、関心が低いことも確認できた。なお、混雑率は150%程度がマイルストーンとされており、全員が着席できるような環境に関しては、(費用負担者が乗客自身か企業かといった論点とは別に) 有料サービスとしての導入が経営的には現実的ということであった。ちなみに、1事業者ではあるが、混雑率低下が利用者の満足度評価の向上につながったとの声もあった。

　5.2節で述べたとおり、都心では通勤の移動の発生集中量が大きい大規模オフィスは堅調であるが、多数分散して立地する中規模オフィスに今後の変化の方向性が見出せていない。また、民間サテライトオフィス拡大の動きはあるものの、主に大企業向けサービスとしてのものである。鉄道事業者サイドとの連携や開発事業者を支援する制度改革なしには、就労場所について開発事業者サイドがもたらす変革にはこれ以上期待できないと見られる。この前提のもとでは、コロナ禍によって郊外側に居住需要が見出されてきたことから、鉄道事業者は、従来通りの郊外から都心方向への通勤にどう対策していくか、というコロナ禍以前からの対策に堅実に取り組むこととなる。

　我々が独自に行った専門家に対するヒアリング[1]でも、現状の運賃設定の規制が厳しく、その中でも引き続き、災害等に対するレジリエンスを高める自助努力が求められる中で、鉄道事業者は、比較的柔軟に設定できる料金の変更による有料着席サービス等の付加価値設定や、交通系ICカードの機能を活用したオフピーク乗車や回遊のインセンティブ、昼間時等の新規需要発掘による収入確保等の工夫を始めていること、長期的に輸送事業以外の収入確保も視野に入ってきていることを確認した。

表6.1　2022年6月鉄道事業者ヒアリング結果要約

	A社	B社	C社	D社
現状認識、見込み	・全体15%減 ・通勤20%減で今後も同水準 ・通学10%減で今後は学校次第 ・長距離需要減少、コロナ対策と連動 ・朝ピークの混雑リバウンド	・屋台骨の首都圏通勤収入不安定化 ・通勤25%減、通学/定期外は回復 ・年度末時点平日・休日95%回復見込み ・通勤80%回復。定期外収入増加見込み	・定期30%減、通学(15%減)/定期外は回復。 ・全体15%減戻らない→楽観的には10% ・通勤の時間波形は同様 ・混雑改善で満足度ランキング改善、リバウンドには輸送量調整、車両フル活用	・通勤定期18%減で今後も同水準、通学定期10%減、定期外15%減　他社より減少幅小さい（沿線ワーカー、路線ごとの性格） ・定期から回数券移行
オフピーク誘導	・運賃改定も含めて様子見	・ピークシフト（個人へのポイント）→4月からピーク前後で同率。回数重ねて定着 ・オフピーク定期券：価格感度'2%' ・10時前に出社しないぐらいの企業サイドアクション期待	・コロナ前オフピークインセンティブ→3%効果。原資必要で現在取りやめ。 ・ダイナミックプライシング希望（交通系ICカード等のシステム課題） ・定期倦厭者向けバリエーション	・オフピークでのポイント実証 ・新型車両の効率的導入のために6両編→5両編成に
ピーク時着席	・着座ニーズ増加に対してピーク時本数は減らさず、特急列車割合増加 ・混んでも早くというニーズも大 ・安価な車両対応必要	・着席型特急増設（混雑したら諦める） ・全員座る：経営上厳しい、都心から遠方に可能性。必ず座りたい人は有料座席に。 ・日中30-40%で平準化目標	・日中はありうる。専用車両の投入。 類似例)自転車乗り込み（プラスα料金）	・座席指定有料列車
混雑率目標	—	150%未満	160%未満	—
サテライト	—	—	・定期券売り場空間転用。 →利用者数が少ない。 ・保育施設とテナントの一体整備	・開発事業者と協働して4駅の空きスペースに設置
通勤以外の施策	・日中時間帯の列車減便 ・子ども運賃一律定額化（IC利用限定）、わかりやすい運賃設定を志向	・特急料金については季節別料金価格差拡大（料金で対応）	・現在：土日/昼間、高齢者/子どもに焦点 ・今後：イベント込みチケット、有料着席（車両の作り込み）、ポイント付与（買い物したら運賃タダなど）	・特急新型車両導入＋企業連携型の沿線魅力創出 ・自治体の都内通学定期補助＋ポイント付与（若者流出対策）
その他	・沿線施設の魅力を活かし、自主的移動を広げたい。若者の外出促進 ・シニア・女性近距離ワーク移動支援	—	・沿線人員を増やさず、乗車人員を増やす ・車から電車シフトを啓発したい	・ポイントでの囲い込み戦略 ・各種取組みは関西の鉄道会社が先行しており意識
制度要望	・物価上昇の中で交通関係だけこのままは厳しい	・駅混雑は、階段、出口位置が一要因 ・開発事業者の先行的投資/開発公共貢献による改良はあまりなく、ゼロからの開発のみ検討。グランドプラン調整が現状手段	・運賃上げ下げの組み合わせで収入一定であれば、認可の在り方変えてほしい。 ・サテライトオフィスは純民間経営は厳しい中、公益性を認め補助金があると良い	・交通系ICカード等のシステム課題、コスト大

6.4 国土交通行政の動向

　鉄道事業は、コロナ禍前から、オフピーク誘導や快適性の向上による事業の効率化と需要喚起に向け、ポイント制度の活用やダイヤ改正、駅舎内のサテライトオフィス整備など多様な施策に取り組んでいたものの、鉄道事業者単独かつ個別の取り組みにとどまっており、インパクトのある行動変容を生み出せていなかった。そこへ、コロナ禍による通勤需要等の落ち込みが発生し、経営的に大きな打撃を受けた。また、これも、これまでに述べてきたとおりだが、コロナ禍以後の開発事業者単独の取り組みだけではワーカーの居住地やオフィスの立地・用途の転換は大きく進まず、鉄道事業の経営モデルを大きく変化させるには至らなかった。NHK[2]によると、全国25の鉄道会社の2021年度の決算は、鉄道を中心とする「運輸事業」が9割近くに当たる22社で赤字だった。

　こうした状況の中、国土交通省の審議会（第5回鉄道運賃・料金制度のあり方に関する小委員会）[3]では、現在の課題として以下5点を挙げている。今後、議論が進めば、これらの課題が改善されていくと見られる。なお、運賃（人の運送（場所的移動）の対価）と料金（運送以外の設備の使用や運送以外の役務に対する対価）の定義の違いを図6.3として示しておく。

①（旅客運賃の）上限認可制は、人口増加など市場拡大局面では厳しく運用しても問題なかったが、人口減少・コロナ禍など縮小局面で運賃改定が機動的にできない。
②総収入が変わらない範囲での運賃体系の変更についても審査が必要。
③観光客には高い運賃、地域住民にはリーズナブルな運賃などセグメントに応じた運賃設定のような、持続可能な公共交通の実現のための柔軟な運賃変更ができない
④宅地・都市開発で環境は変化しているが、運賃エリアを40年間見直ししていない。
⑤多様化する利用者ニーズへの迅速な対応が困難。
　1. オフピーク定期券の早期導入や15回/月定期券の設定など。

2. 鉄道と地域内交通と連携したエリア内生活利用定期券や高齢者生活定期券など。

3. MaaS[2]の導入など鉄道と他のモビリティとで協力することによる、利用者にとってリーズナブルでわかりやすい運賃設定。

4. 地域が主体的に決められる運賃制度の実現（路面電車の協議運賃制度やモード間連携）。

5. 新幹線特急料金の届出化。上限の柔軟変更。

6. 個別駅の大規模改良や大規模浸水対策、バリアフリー整備、セキュリティ対策など、ケースや受益と負担の関係に応じた運賃料金の設定が困難。

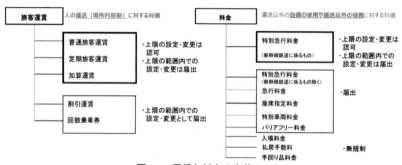

図6.3　運賃と料金の定義 [3]

第7章

コロナ禍からの学び

7.1　企業、ワーカー、鉄道の変化

　本章まで、コロナ禍における企業、ワーカー、鉄道の動き・取り組み（変化）と、そこからわかったことを述べてきた。ここで再度、我々の研究調査結果を以下のとおりまとめる。

(1) 企業
・テレワークが大きく普及し、対応困難な現業従事者等が残るものの、企業は積極的に新しい選択肢を活用するようになった。
・8割の企業がテレワークを導入しているものの、そのうち2.5割は上司裁量や試行によるものであり、特例的な扱いにとどまる。
・現場対応が必要な業種（小売・卸売業、サービス業）においても、オフィス勤務者の50％はテレワークや時差出勤を実施できるようになっている。
・サテライトオフィス導入済みあるいは導入意欲がある企業は30%程度である。ただし、オフィス環境づくりに目を向けようという傾向が相対的に高い成果評価型雇用制度導入企業に焦点を当てると、サテライトオフィス導入済みあるいは導入意欲がある企業が占める割合は45％と高くなる。
・鉄道の運賃制度が変化した場合に、現在取り組みなしの企業で勤務制度を見直す意向は3割に至っている。

(2) ワーカー
・働き方を変える意向は高く、一部に実現できていない層はあるもののテレワークが普及している。
・少数ではあるが、サテライトオフィス活用層が積極的にピークレスに貢献している。
・約8割のワーカーは自宅と本社(47%)または本社のみ(34%)のどちらかで勤務しており、1日の中では1か所でのみ勤務する。ただし、日常的に3か所以上の勤務場所を使い分ける人(11%)は1日の中でも移動している傾向がある。
・本社出社を減らしたいが減らせず出社しているワーカーは18%である。

　一方、5.1節のより、混雑するピーク時間帯に鉄道に乗車したいという意向は52％である。本社以外の勤務環境が整わない前提では、テレワーク意向が減り、その反動でピーク時乗車意向は73％に増え得ると思われる。

・現在リモートワーカーで今後も週3日以下の出社を維持したい層（44％）は、自宅以外勤務環境を既に企業が用意している。

・ダイアリー調査から、フレキシブルオフィス利用者は通勤経路上でさまざまな時間に利用していることがわかった。フレキシブルオフィス利用者数は全ワーカーに対して0.25％と極小であり、まだまだ極めて特殊な勤務形態と言える。フレキシブルオフィス利用者の多くはヘビーユーザーで、その半数ほどは各地のフレキシブルオフィスをノマド的に利用している。また、フレキシブルオフィス利用者はフレキシブルオフィスを高く評価している。彼らの先端的な使い方を、より社会的に一般化していくことでよりピークレスに貢献し得る。

(3) 鉄道

・いったん半減した通勤需要は戻り、経営はやや回復へ向かいつつある。運賃改定によるサービス拡大でより安定への方向は見えてきた。

・通勤需要はいったん半減激減したが、ピーク時で8割以上戻った。減便したため劇的というほどでないが、混雑は若干改善した。

・コロナ禍前後から、アプリ等活用情報提供やオフピークインセンティブ等の利用者誘導策の導入が進んでいる。

・行政側の理解と支援もあり、時間帯変動運賃や定期券制度見直しも具体化し、導入決定の事業者も現れた。

・利用者の減少に対して、着席指定サービスを強化する動きや、通勤以外の移動需要創出に向けた取り組みも各社で進んでいる。

　コロナ禍は壮大な社会実験としてピークレスの流れを創り出し、働き方、住まい方、移動の選択肢拡大に大きく貢献した。コロナ禍が落ち着くとともに混雑のリバウンドは見られたものの、過酷な混雑からは解放され、働き方、住まい方、移動の新しい選択肢が浸透した。現業従事者が今後も都市の中で重要な役割を担うことや、次世代のワーカーの就業意向を踏まえ

ると、働き方や住まい方を適材適所で選択できる環境づくりはさらに進むことが期待される。鉄道サービスのさらなる充実との連携も視野に入れたサテライトオフィス環境、都心近距離居住環境、郊外駅前環境などに今後の可能性を見出すことができる。

　以下では、連携の方向性を提案するために、2つの試算例を紹介する。7.2節では、現時点でのワーカーの潜在的意向をもとに、企業側の対応によりワーカーの意向が実現した場合にどの程度のピークレス効果が期待できるのかを試算する。7.3節では、コロナ禍により減少した通勤のリバウンドを防ぎ、朝の通勤ラッシュを一定以下に抑えるために、郊外側で求められるサテライトオフィスの供給量や適切な立地を試算により求める。それぞれの試算から、ピークレスの持続は、企業の推進策およびサテライトオフィスの供給のいずれか単体だけでは十分には実現せず、さまざまな方策を連携させていく必要があることが示された。そのうえで、7.4節では、具体的にピークレスの都市を持続させ、強くしていく方向性や課題についての考察を紹介する。

7.2　試算例1：ピークレス効果の継続可能性

　本節では、5.1節のワーカーアンケートで示されたワーカーの働き方に対する潜在的意向をもとに、企業側の対応によりこれらの意向が実現した場合に、どの程度のピークレス効果が期待できるか明らかにする。ここでは、都心3区（千代田区、中央区、港区）のワーカーのうち都心にピーク時に通勤する者を試算上の母数とし[1]、経済センサス（都心3区に勤務するワーカー：約268万人）の値をホワイトカラー率（51.7%）で補正した138.5万人という値を当てた。そのうえで、ピーク時通勤者の割合について、下記3つの式により簡易な推計を行った。

$$X = 138.5(X_1 + X_2 + X_3)$$
$$Y_{min} = 0.9 \times 138.5 - X$$

$$Y_{max} = Y_{min} + 138.5(a_1X_1 + a_2X_2 + a_3X_3)$$

X：潜在的ピーク時回避鉄道通勤者（万人）

X_1：ピーク時回避するパターン①（週5日通勤し、鉄道を用いたオフピーク通勤をしたい層）の割合

X_2：ピーク時回避するパターン②（現在、出社頻度が高く、今後は週0〜3日出社したい層）の割合

X_3：ピーク時回避するパターン③（現在、出社頻度が低く、今後も週0〜3日出社したい層）の割合

$Y_{min}、Y_{max}$：潜在的ピーク時鉄道通勤者の最小推定値および最大推定値（万人）

a_n：上記X_nのリバウンド率 $(n=1, 2, 3)$

1番目の式では、潜在的にピーク時の通勤を回避したいと考えているワーカーの数を求める。既出（5.1節）のアンケートからは「①週5日通勤し、鉄道を用いたオフピーク通勤の意向層」は全回答者の約6%(X_1)、「②週当たり出社頻度を減少したい意向層」は全回答者の12%(X_2)、「③低頻度出社を維持したい意向層」は全回答者の20%(X_3)であった。138.5万人を母数とし、X_1、X_2、X_3をかけ合わせるとそれぞれ8.3万人、16.6万人、および27.7万人となる。これらの和をとると、潜在的ピーク時回避通勤者X（1番目の式）は52.6万人となる。

2番目の式では、ピーク時に鉄道を使って通勤する意向を潜在的に持つワーカーの数を求める。通勤手段に鉄道を使う意向を持つものの割合が90%であることを踏まえ、母数138.5万人のうち124.7万人が鉄道利用通勤者の母数となり、1番目の式で算出したX（52.6万）を引くと、72.1万人（都心3区ワーカー補正値138.5万人の52%）が潜在的なピーク時鉄道利用通勤者数となる。

他方で、現在の勤務場所で生産性向上を実感するのは、テレワーク実施者のうち36%であった。5.1節に示したとおり多様な働き方を認める制度

が充実したとしても、勤務場所への投資が滞りテレワークの勤務環境が向上しない場合には、ワーカー側がテレワークを継続しなくなる可能性も否定できない。3番目の式はこの状況を推定するものである。仮に、1番目の式で概算した②、③層つまり、138.5(X_2+X_3)値44.3万人の64%に当たる28.4万人（3番目の式に$a_1=0$、$a_2=0.64$、$a_3=0.64$代入）が生産性に問題を感じ、テレワークと合わせてオフピーク通勤も取りやめた場合、最大100.5万人（Y_{max}、都心3区ワーカー補正値138.5万人の73%）がピーク時通勤となり得ると推計される。ワーカーの勤務環境への投資意欲が相対的に高い、成果評価型雇用制度を採用する企業の比率が上がると、こうしたリバウンドが抑制されると想定される。

　4.3節で言及した企業総務・人事アンケートより、現在柔軟な働き方を認める施策を導入している企業は全回答者の85%あり、これらの企業のワーカーは、それぞれの意向に基づき継続的にオフピーク通勤やテレワークを維持しやすいと推定される。他方で、ワーカーアンケートと総務・人事アンケートの双方を踏まえると、支援充実に課題がある大企業も一定数存在することが確認された。また、現時点でテレワークを実施していないワーカーは今後もテレワーク実施の意向が小さいという全体的な傾向があるものの、上司の方針の影響が大きいと考えられる20代、あるいは、文書業務の多い総務部門では、テレワーク非実施者であっても出社頻度を減少したいとする意向が見られた。これらの意向を実現するためには、就業先の気風転換、ペーパーレス化等の舵切り、セキュリティ対策への追加投資などが求められ、短期的実現が不透明な場合もあると推定される。

　このように考えると、上記で概算したX値52.6万人のうち、短期的にピーク時回避通勤が実現するのは、②層を除く36万人にとどまる可能性がある（前述の1番目の式について$X_2=0$）。これらの値からは、都心エリアのオフィスビルの稼働時間やオフィスに紐づく現場ワーカーの勤務形態の大きな変化、それによるエネルギー消費量増減や包摂性向上といった変化には至らないことが推測できる。通勤形態に更なる変化をもたらしたいのであれば、各企業のワーカーの自己裁量の拡大にとどまらず、例えば企業間における出社曜日の計画的調整や、サテライトオフィスなど複数の勤務環境を整えることを推進する政策など、働き方に関わる施策のさらなる発

展形が求められることを、本試算から確認した。なお、4.4節に示したとおり、マンパワーが小さく働き方の見直しがあまり進んでいない小規模企業は、都心におけるワーカーの割合がそれほど大きくないためピークレス化への影響は小さい。しかし、誰も取り残さない企業福祉という面からは、大企業と同様に対策が打たれていくべきである。

7.3　試算例2：ピークレス効果を発揮するサテライトオフィス供給のあり方

　前節では試算結果を踏まえ、ピークレス効果の継続のためには、サテライトオフィスなど働く場所の選択肢をさらに増やす必要があることを述べた。そこで本節では、ピークレス効果を発揮するためのサテライトオフィス供給のあり方を検証する [2]。

　3.3.1項で述べたとおり、コロナ禍を経て、郊外部も含めてサテライトオフィスの供給は進んでおり、現在のサテライトオフィス供給量は企業側の現時点での需要と、ある程度均衡していると見られる。そのため、サテライトオフィスをさらに増やすためには、企業側の需要喚起として、下記①～③が求められる。

①サテライトオフィス未契約の大企業のオフィス運用見直し（メインオフィスを縮小し、サテライトオフィスに充てるなど）
②働き方施策推進中であるがサテライトオフィスの利用条件が見合わない大企業の契約を誘引する拠点数増加
③利用需要のある小企業利用の開拓

　4.3節に示したとおり、東京都市圏では元々ワーカーの勤務環境の向上に関わる戦略を持っていた企業の割合は小さいことから、企業福祉に関わる公的支援メニューの一つとしてのサテライトオフィスを位置付けるといった対応がない限り、上記①～③を進めることは難しいと見られる。そのた

め、試算に当たっては、公的支援によって企業側のサテライトオフィスの
需要が高まり、これに応じてサテライトオフィスの供給が進むことを前提
に置く。そのうえで、あくまでコロナ禍におけるワーカーの実際の働き方
やニーズをベースに、通勤行動をピークレスに効果的に誘導するためのサ
テライトオフィス供給のあり方を試算する。

　試算に当たっては、3.3節のサテライトオフィス立地分析で強い出店傾向
が見られた方面のうち、コロナ禍以前の混雑率が高く、かつ鉄道利用者デー
タが入手できた東急田園都市線を対象とする。2019年度、田園都市線の混
雑率は183％（渋谷駅側）であった（7:50～8:50、10両×27本、輸送力
40338人、輸送人員73712人）。コロナ禍を経た2021年時点で、同路線
の最混雑率は112％（輸送力は変わらず45358人）まで減少したが、徐々
に通勤が戻りつつあることを受けて、本試算ではリバウンドを防ぐという
観点から、今後も対象時間帯において2021年度時点の最混雑率112％を
維持することを目標として、そのために求められるサテライトオフィスの
供給のあり方を算定していく。

　まず、2021年現在の開発事業者によるサテライトオフィス整備状況を推
計する。三井不動産ワークスタイリング、ザイマックスZXYについては座
席数が公開されていないため、その他3社の都心から20km圏郊外部の席
数から概算する。野村不動産のH1Tは座席数20前後（ただし渋谷以外の
急行・準急停車駅10駅では30～60席）、東急のNewWorkは20～40席、
東京電力のSoloTimeは25席前後であった。これらを踏まえ、サテライト
オフィス1件当たりの平均席数を30席程度として、青葉方面の既存件数18
件（2020年）、45件（2021年）とかけ合わせるとそれぞれ推定席数は540
席、1350席となる。

　この席数は、通勤のピークレス化に向けてどの程度寄与し得るのだろう
か。2021年現在、コロナ禍前に比べて、朝ピーク時の通勤は28354トリッ
プ減少しており、これは、時差通勤ならびにテレワークによるものと考え
られる。現在時差通勤をしており今後も継続意向のある人は、アンケート
の結果（5.1節参照）から都心勤務ワーカー全体の6％とされ、73712×
0.06＝4422名と概算する。残りの28354－4422＝23932名の減少幅を
テレワークで維持していくことを考えると、同量のテレワーク環境（在宅

勤務環境含む）を持続的な形で整えていく必要がある。このように考えると、既存のサテライトオフィスの席数は、求められるテレワーク環境に対して1350/23932×100＝5.6％を占めるにすぎない。アンケートでは、都心に勤務するテレワーク実施者のうち9％がテレワークを取りやめたいと考えており、これは(28354 − 1350)×0.09＝2032名に当たる。その理由の多くが在宅環境に起因することを鑑みると、これらの層のリバウンドを抑えるために、少なくとも新規でサテライトオフィスを2032席用意することが望ましい。将来望ましい席数は3382席(1350 + 2032)となり、現在の1350席は望ましい量の40％、今後およそ2.5倍の拠点増設が必要であることになる。

　路線沿線で新たに2032席ものサテライトオフィスを整備するというのはどのようなイメージだろうか。サテライトオフィスのタイプを、都心に見られる100席程度の大型タイプ（例えばH1Tの場合、品川駅で100席以上、恵比寿駅で約80席）、郊外で平均的な30席程度の中規模タイプ、10席程度の小規模タイプ、の3タイプと考えると、それぞれが沿線（全27駅）に配置されるパターンとして、下記、4つが想定される。

①急行・準急停車駅の10駅に大型タイプを設ける（100×10＝1000席）
②沿線27駅全てに1件ずつ中規模タイプを設置する（30×27＝810席）
③300戸以上の集合住宅に小規模タイプを設置する（115×10 = 1150席）
④沿線タワーマンション内を改築し、住戸数1割分の供給を行う（7230×0.1＝計723席）

　このことからわかるのは、①と②だけ（合計1810席）では2032席には満たないということである。通勤混雑の復活（リバウンド）抑制のためには、田園都市線沿線の場合には駅周辺に整備するのみでは十分な量の供給が難しい。③や④など大規模マンション併設型の小規模オフィスの設置が有効であり、鉄道事業者と開発事業者間での連携による調整が必要となる。

7.4　これからの東京

7.4.1　はじめに

　人口減少や高齢化、都心回帰の動きなどを背景に、コロナ禍前から東京の都市構造は緩やかに変化してきた。高度成長期に一気に整備された郊外住宅市街地の超高齢化や空洞化、買い物行動の変化に伴う郊外駅前商業の衰退、再開発による駅前のタワーマンション化、湾岸部における高密な住宅地域の形成などが挙げられるだろう。

　さらに、これまで述べてきたように、コロナ禍を経たライフ・ワークスタイルの急激な変化が定着すれば、東京を支えてきたさまざまな機能空間はさらに大きく転換し得る。特に働き方の変化に伴い、都心オフィスのあり方は必然的に見直しが迫られ、都心ワーカーを対象とする飲食機能なども影響を受けることになる。一方では、毎日都心に通勤しなくても良くなることを前提に特急通勤圏までも含めた郊外が再評価されている。

　世の中はおのずとピークレスの方向に向かうであろう。しかし、ともすると極端なオンライン化によって活力が失われる将来や、あるいは一部に極端な混雑や不便が残されたままの将来も十分想定される。より豊かなピークレス社会に向かうよう、郊外と都心のあり方を描き、主なステークホルダー間で方向感を共有しながら個別の機能転換を有意義なものとしていくことが望まれる。

　極端な時空間集中を抑えながらも、大都市ならではの集積や多様性を活かした活発な移動や交流が行われる東京、さまざまな属性を持った生活者・ワーカーを想定し、モビリティと機能を総合的にかつきめ細やかに連携させながら、暮らしがより豊かに、経済活力をより高められる次の時代の東京を描くことが求められている。以降では、都心と郊外でどのような価値が実現されるか、未来の期待される空間像を具体的に示した。我々は、これらについての本格的な事業化や政策実施、制度化までは踏み込んでいないが、今後深掘りすべき論点を明らかにした。図7.1にピークレスを持続させ、強化する基本的な考え方をまとめた。

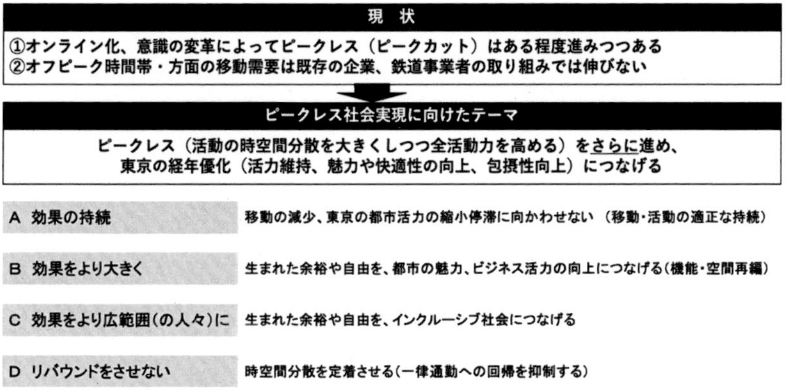

図7.1　ピークレスを持続させ強化させる基本的な考え方

7.4.2　都心地区像

これからの都心地区のあり方について、以下のとおり提案する。

(1) 圧倒的な集積を活かし人材や情報を呼び込み続ける

アクセス性と既存の業務・商業・文化等の機能集積を活かしながら、ビジネス交流機能、文化芸術創造機能など、オンライン化が進む時代にあってもリアルな体験を提供する都心ならではの機能をさらに強化する。対面での交流をより重視したオフィスへの転換、大学と連携した社会人向けのリカレント教育機能の充実、海外諸都市に比べて依然として弱い文化芸術機能の効果的な集積などとともに、これらと一体となった飲食その他の滞在促進機能を充実化することが期待される。

(2) 都心機能を守り育てる人材の住まいと生活環境を強化する

タワーマンションを中心とする近年の都心住宅供給は高価格帯で推移し、財力のある人を中心にマーケットが形成されてきた。その結果、スタートアップ企業など都心の新たな産業創造に資するワーカーや、通勤時間によってフルタイムでの就業を諦めざるをえなかったワーカーなどに対して、都心居住の機会が十分に提供されるに至っていない。

107

　働き方の転換が進む中で、都心に期待される機能を維持し、あるいは新たな都心の価値を生み出していくためには、都心の機能を支えるサービス職人材や、スタートアップなどのクリエイティブな人材の居住を積極的に誘導する必要がある。併せて、生活を支える買い回りや教育、福祉機能などを充実し、誰もが豊かに暮らせる都心となっていくことが求められる。

(3) 都心地区ごとの個性・ブランドを育て、それぞれの象徴性を高める

　仕事や買い物のオンライン化がますます進むと考えられるこれからの時代において、企業の立地戦略において、アクセス性や利便性は相対的に重要度が下がり、むしろ街のイメージやステータスが、その立地により大きな影響を及ぼすようになると考えられる。すなわち、街の価値創出には、アクセス性や機能集積だけでなく、その街にしかない個性や象徴性が一層重要となる。都心ならではの歴史的資源や水辺などの空間資源といった東京固有の環境を最大限、保全・活用・再生し、その魅力を発信する中で、地区それぞれの個性を活かしたブランディングを進めていく必要がある。

(4) パブリックスペースとモビリティで回遊と滞留を生み出す

　オフィスに通勤し働いて帰宅する、というような単目的型の来街ではなく、都心ならではの高度な機能・体験や高質な空間を活かし、付加価値のある時間や体験を提供する。そのためには各種機能の強化とともに、人々の出会いや交流を生む時間的・空間的余白を戦略的につくることが求められ、都市のパブリックスペースはそのための重要な場となる。街中の道路を車のための空間から人のための空間へと抜本的に転換し、これらをネットワークするとともに、回遊を促すために、アクティブトラベル（歩行者や自転車）やシェアリングモードの活用により、短距離かつ低速の移動に対して安全な環境を整えていくことが重要である。

7.4.3　郊外地区像

　これからの郊外地区のあり方について、以下のとおり提案する。

(1) 郊外におけるワークスペースの量と質を高める

　都心に通わずとも快適で生産性の高いワークスペースを、郊外にも充実する。近年駅構内などに増えているBOX型スペースはあくまで過渡的なものであろう。環境が整っていない中での在宅勤務に関しても、健康面や仕事の効率性等の面での課題が明らかになっている。こうした状況に対し、郊外部においても、その場で働きたくなる利便性と質を保ったフレキシブルオフィスが誰の手にも届く環境をつくることが重要である。都心のモビリティに関する議論同様、多くのワーカーが選べる働き方のオプションを増やしていくことが重要である。選択肢があることが労働環境の向上につながるからである。

(2) 徒歩圏内の生活拠点を毎日行きたくなる場に

　オンライン化が進み不要な遠出が減少するのに伴い、身近な徒歩圏の生活環境がより重要となる。フランスの15分都市など、近隣生活圏に注目したまちづくりは世界的な潮流にもなっている。東京の郊外においては、最寄り駅や、駅から離れたバス拠点・モビリティハブなどの徒歩圏内の拠点を、最低限の商業・生活サービス機能集積しかない場所から、魅力的な商業機能やプラスアルファの生活サービス、ワークスペース、滞留空間などを有した暮らしの場へと強化することが望まれる。家の近くに行ってみたい場所、気軽に行きやすい場所があることで、ちょっとした外出や交流が促される。

(3) 郊外拠点都市における交通結節性の抜本的向上

　郊外の交通結節点駅は、コロナ禍を経て集中度が高まっている。それに比して交通結節機能は不十分であり、渋滞や混雑を招いている。集中を魅力に変えていくために、駅まち一体での計画的な市街地更新を促しながら、アクセスや乗り換え、滞留空間なども含めた交通結節性を抜本的に高めることが重要である。交通結節性は、交通手段間の乗継についての「物理的な連続性」、運行ダイヤや時刻表といった「時間的な連続性」、運賃、乗継割引、チケット購入手続きの手間簡略化も含む「経済的連続性」、慣れていない場面での情報提供等「心理的連続性」の4つの連続性に分類して理解

できる。MaaSの普及によって、運賃面や経済面、心理面は大きく改善していくが、物理的な連続性には課題が残る。

　また、高齢化が進行する中でのバリアフリー対応や、子育て世代の生活環境支援の観点からはベビーカーや授乳等施設対応といったニーズも明確になっている。しかし他方では、価値観も多様化し、多少のバリアを健康のために歓迎する風潮や、必ずしも急がなくてもよく、ただ、時間が読めることが重要という観点も台頭してきている。こういったさまざまな考え方を踏まえながら、次の時代のわが国の大都市郊外の交通結節点のあり方を描く必要がある。

7.4.4　未来像実現のための具体的な道筋

　本節では、7.4.1～7.4.3項の議論をもとにした具体的な方策案を述べる。概略は、表7.1のとおりである。

表7.1　ピークレス持続強化のための方策の整理

1. ピークレス誘導機能の戦略的強化	**1-1.　ピークレス社会に寄与する公共インフラとしてのサテライトオフィス増設** ➤今後計画整備すべきサテライトオフィスのボリュームと配置の提案（集合住宅の未利用スペース、駅前等） ➤公民連携による整備運営のあり方の提案（公共的意義、民間事業としての成立性）
	1-2.　都心における現業職従事者向け住宅の供給促進 ➤オフィス空床発生が予見されるエリアの抽出（オフィスの動向、Bクラスオフィス集積地） ➤公民連携による面的誘導、整備方策提案（公共的意義、民間事業としての成立性、ビルディングタイプ、既存事例の課題と対応）
	1-3.　鉄道利用の時間調整力の強化 ➤鉄道混雑情報と周辺サービス利用誘導がセットになった情報提供・サービス提供の提案 ➤鉄道移動中ワーク機能の充実強化（グリーンワーク車両）
2. 開発にMaaSを組み込む発想（MED）	**2-1.　利用者（入居者）向け着座保証（Guaranteed Seating Train）** ➤郊外住宅開発における着座保証制度の提案と効果検証 ➤都心娯楽イベント来場者向けの帰路着席保証の提案と効果検証
	2-2.　駐車場の附置義務制度の見直しと空駐車場活用 ➤カーシェア＋MaaS導入等による附置義務駐車場減免の制度提案と効果検証

1.　ピークレス誘導機能の戦略的強化

1-1.　ピークレス社会に寄与する公共インフラとしてのサテライトオフィス増設

　これまで述べてきたとおり、サテライトオフィスは、多様な働き方を支

え、勤務環境の満足度を高めるだけでなく、一斉通勤回避による鉄道混雑の緩和や、各々の地域におけるワーカーによる経済活動の喚起などにも寄与し得る。しかし現在のところ、そのコロナ禍以後の整備はほとんど場合民間事業にゆだねられており、民間事業としては一定の質の環境が整ったサテライトオフィスを個人向けに運営しても事業採算に合わないため、安定的契約が期待できる企業層のみに対する展開にとどまっている傾向がある。結果、供給数や利用条件、料金などの側面で十分な需要を生み出せておらず、利用者は全ワーカーのごく一部となっている。

こうした状況を変えていくためには、サテライトオフィスの多面的な公共的価値を整理・評価したうえで、一つの公共インフラとして公民連携で充実していくことが考えられる。その方法としては、①民間事業の中で整備されるサテライトオフィスを「公共貢献施設」として位置付け、容積その他のインセンティブを付与する、②既存公共施設の機能転換、駅周辺の空き床活用、駅周辺等の再開発等の機会をとらえて公共主導でサテライトオフィスを充実し、運営は民間にゆだねつつも基礎的なランニングコストは公共が負担する、といったことが考えられる。例えば、ロンドン市では2021年に策定された総合計画「ロンドンプラン」において、テクノロジーの進歩に伴うワークスタイルの変化に対応するため、フレキシブルオフィス供給の重要性を指摘し、基礎自治体に対して、新規のオフィス開発やオフィスへの用途転換の許可において、フレキシブルオフィスの併設を要求している [3]。これを踏まえて、ウエストミンスター区では、公共貢献としてフレキシブルオフィスを位置付けて、新たに整備されるオフィス床面積の1割をフレキシブルオフィスとし、利用者の半数は区内居住者または就業者に提供することを義務付けている [4]。

また、現在主流となっている「企業契約型」以外に利用者の裾野を広げるアプローチも必要であろう。例えば、大規模住宅開発に際してサテライトオフィスを整備し、施設内執務空間の利用者を住民に限定したり、あるいは住民に対するインセンティブがあったりするという仕組みである。昨今のマンションではそのような事例も見られるようになっている。

サテライトオフィスによる「ピークレス効果」をより積極的に高めるためには、例えば鉄道会社とサテライトオフィス事業者が連携して、定期券

と沿線区間内のサテライトオフィス会員登録をセット化し、ピーク時間帯の混雑緩和に寄与する駅直近のサテライトオフィス利用にインセンティブを付与（例えばポイント還元等）することも有効であろう。鉄道事業者にとってもピーク時混雑を緩和する効果が期待される。

　既述のシミュレーションにおいて、ピークレス化にはより都心から遠い郊外地域でのサテライトオフィスの供給が、より効果的であることを示した。このことからも、都心・郊外を問わず、大規模マンション開発に際して、住民向けの施設を確保することは有効な方策である。他方、同シミュレーションでは、立ち寄り型利用も含めてサテライトオフィスの利用需要が集中する郊外の交通結節点駅や急行停車駅付近において、100席程度の都心並の規模のサテライトオフィスを確保することも有効であることが示された。都心から遠い郊外地域にも、各エリアの需要に応じたサテライトオフィスを計画的に整備することが重要であり、またその事業に当たっては、ピークレスへの寄与をはじめとする公共公益的効果と事業採算性を照らして、公民連携で推進する必要がある。

1-2.　都心における現業職従事者用住宅の供給促進

　ピークレス社会の実現には、不要な長距離通勤や朝のピーク時通勤を極力減らすことが必要であり、テレワークや時差出勤が困難な現業職（医療、教育、施設メインテナンス、サービス等）従事者にとっては、勤務地付近に暮らせるようにすることが重要である。都心で働く現業職従事者の職住近接が進めば、コロナ禍における緊急事態宣言時やその他災害時など長距離の移動が困難になった際にも、そうした人々が駆けつけやすくなり、都心が機能不全に陥るリスクを減らすことにもなる。一方で既述のとおり、近年供給されている都心住宅は高価格帯で推移し、相対的に収入が少ない施設メインテナンスやサービス業従事者には手が届きにくい。結果、こうした従事者は、主に都心エリアの一皮外側の地域（低地部や密集市街地など災害危険度の高い地域に重なる）に居住している割合が高いと考えられる。

　こうした状態を解決するためには、都心部において現業従事者にも手が届く住宅供給を政策的に進める必要がある。都心機能の維持に必要なワーカーの確保、ピークレス（通勤混雑緩和）への寄与、災害危険エリアから

の漸進的撤退等の公共公益的意義をとらえ、開発へのインセンティブ等の公的支援策を整えながら、民間事業者だけでは供給困難な、現業職従事者用住宅供給を誘導する。

バブル期に建設された中小オフィスビルや、バブル崩壊後に増えた都内中古マンションやオフィス付置義務住宅はそろそろ建て替えや大規模改修の時期を迎える。テレワークが進む中で、相対的に競争力の弱いオフィスビル、具体的には駅から遠く建設後一定年数を経過した中小オフィスビルなどでは空室率が増加している。これらの施設更新に合わせて、低～中価格帯の住宅を誘導していくことが考えやすい。欧米諸国のアフォーダブル住宅施策の中には、入居者の業種・職種を絞った住宅誘導の事例もある。例えば、低中所得者向けの住宅供給の事例ではあるが、ニューヨーク市の仕組みが参考になる。民間企業による集合住宅の開発において、一定割合そうした人々に向けた住戸を確保する場合、容積率緩和のみならず、建物部分に相当する固定資産税を25年間全額減免する支援を提供している。容積率緩和だけでは、低中所得者が負担できる家賃で収益性を確保できないためである。こうした住宅への入居資格は所得制限のみであるが、一定割合の戸数は、生活インフラの運営に従事する自治体職員などに優先的に割り当てられている [5]。

こうしたものも参考にしながら、制度的枠組みを整えることが期待される。立地条件の悪さが問題になるような場合も、コロナ禍以後に見られはじめたモビリティハブのような移動サービスとの連携ができれば、エリアの価値が反転する可能性もある。

1-3. 鉄道利用の時間調整機能の強化

鉄道利用のオフピーク誘導のためには、駅における時間調整機能の強化も重要である。快適なワークスペースや飲食も含めた滞留スペースなど、人々が積極的に時間を使いたくなる場所が駅舎内あるいは駅近の場所にあることで、混雑時間帯を避ける行動の選択性が高まる。コロナ禍を経て、駅舎内の残余空間にBOX型のテレワークスペースが増えているが、このような「最低限」の機能提供ではなく、滞在しやすさを重視した質の高い空間を、駅舎内等に積極的に設けていくことが望まれる。

　一般的には、混雑問題が深刻でない路線における駅舎の改修は、老朽化してからの検討・対応となるのが通例である。しかし近隣に当時の想定を超えた大規模住宅開発等がなされるような場合、駅側の施設水準が対応できず、駅舎の混雑等の問題が起きているケースがある。あるいは、逆に駅舎のスペックや印象が周辺のまちづくりの阻害要因となっているようなケースも想定される。まち（住宅開発）の要請に合わせたタイミングで、事業者や公共団体とも連携して機動的に駅舎の改築を含めた機能向上を進め、住民の住まいやすさを向上することが望ましい。特に郊外エリアでは、必ずしも毎日通勤しない住民に自家用車でなく鉄道を主要交通手段として選択してもらううえでも、駅舎の性能や機能の向上は重要である。昨今、「駅ピアノ（ストリートピアノ）」などの設置例も増えているが、文化的機能を担う場の一つとして駅を見直していくことも、滞在性向上策のヒントになる。

　こうした事業を実施するうえでの課題は、鉄道事業者、近隣の開発事業者、公共団体それぞれの便益と負担の整理と、そのうえでの事業スキームの確立である。鉄道事業者が路線全体としてどのような戦略を持ち投資を行おうとしているのか、特定の開発事業者が負担して駅舎改築を行うことについて駅舎の公共性との観点から問題はないか、負担スキームや資産上の取り扱いはどのような方法が可能か、公共団体のインセンティブ付与の方策として実施可能かつ効果的なものは何か、駅舎だけで囲い込むのではなく近傍商業地にも便益が及ぶ事業スキームをどのように構築するかなど、考えるべきことは多いが、路線全体としての便益、駅を中心とするエリアとしての便益の観点から新たな枠組みをつくることが期待される。

2.　開発にMaaSを組み込む発想

2-1.　利用者（入居者）向け着座保障

　混雑情報の提供、オフピーク時の運賃・料金インセンティブ、着席サービスの充実など、鉄道事業者によるピークレス施策が少しずつ具体化し、先行する事例では、ピーク時通勤に関わる行動変容が出現しつつある。通勤時の有料着席サービスも、混雑緩和と時刻分散に少ないながらも寄与している。コロナ禍前には十分に実現できていなかった時差出勤や、それを

引き出す施策としての時間帯別運賃設定や定期券運賃の多様化、有料着席サービスの導入推進等が一気に具体化できたことには、以下のようないくつかの背景要因を挙げることができる。

①コロナ禍という緊急事態において、企業、ワーカー、鉄道事業者の意識が大きく変化したこと
②鉄道事業者の全国的な経営危機に対応して、地方部のみならず大都市部も含めて、運輸事業行政においてより踏み込んだ新しい施策が求められる政策環境があったこと、
③運輸行政での積極的な対応があった一方で、従前からのビッグデータをベースとしたデータサイエンスの流れの中で、交通系ICカードの改札機通過実績に基づく詳細な移動データを追跡でき、鉄道利用の変化を可視化できる環境になっていたこと
④MaaSアプリ関連技術の欧州からの展開に際して、交通手段の種類や事業者を超えて情報集約や必要な予約が可能になったとともに、キャッシュレスやチケットレスの運賃および料金メニューの導入が技術的に容易になったこと

　これらによって、具体的なデータ分析の技法を体得したこと、時間帯などに応じて運賃を柔軟に設定することが制度的に実施しやすくなったこと、新しい技術を組み込むことにより多様なサービスの提供や住民の行動変更を促し得ること等、今後の大都市圏の交通政策に有効な多くの知見を得たと言える。
　MaaSについては、図7.1のようなコンセプトを理解したうえで、開発事業とつなげる。一例として、特にコロナ禍を経て増加傾向にある着席有料車両あるいは着席専用列車の発想をもとに考察した例を紹介する。
　通勤や帰宅での着席ニーズは従前からあり、多くの調査研究で、その差額料金への支払い意思額が求められている。コロナ禍前から、JR各線でのグリーン車導入に始まり、特急専用車両を用いたピーク時の通勤客向け運行、列車全体あるいは列車の中の　部車両のみの着席専用化等の動きはあった。また、コロナ禍を経てピーク時の運行本数が若干減少した分、新規に着席

115

専用列車を導入する余地が出てきた路線もある（表7.2）。

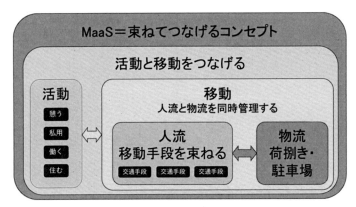

図7.1　MaaSの概念

表7.2　通勤時の着席選択肢拡充に関わる新たなサービスのタイプ

サービス	終日の上級サービスの拡充	既存特急列車を活用した朝夕ピーク時の特急増便	車内レイアウト変更可能な新型の通勤向け指定席車両（デュアルシート車）導入
導入車両・列車	・上級サービス車両 ・編成の一部車両	・既存の特急列車 ・編成全体	・新型指定席車両（デュアルシート車） ・編成全体 ・編成の一部車両
導入の方法	終日車両増設	通勤需要減少分を利用し、朝夕の時間帯に従来の通勤列車・車両に代えて増便または新たに導入	
座席指定 （着席保証）	なし ※ただし混雑率は低く着席可能性は高い	あり	
追加料金	特別料金	特急料金	指定席料金

　一方で、先にも述べたように、路線検索アプリ、鉄道事業者アプリの普及により、スマートフォン上で決済ができるようになり、着席サービス導入の手間は格段に改善している。ひと昔前は、専用の券売機を駅に設置し、列車停車時はドア数を限定して係員がチケットをチェックしていたが、現在では購入された座席が一目瞭然でわかるタブレットを有する係員が、運行中に着席状況を確認するだけで済む。増収源ともなるので、この種のサービスはより増えていくであろう。この流れの活かし方として、以下に3つの活用を例示する。

①シーズンチケット運用

　毎日都度予約ではなく、一定期間あるいは年間の予約を受け付ける。利用しない場合は、例えば発車時刻1時間前までならキャンセル料なしでリリースできることとする。このようなシーズンチケット分を割引き、都度払い利用を割高にする等の工夫もできる。

　これにより顧客を拡大し、一般車両の混雑緩和に若干貢献できる。さらに、このような列車の運行時刻をピーク時前後の時間帯に設定することで、通勤移動の時刻分散を誘導できる可能性がある。

②大規模住宅開発事例との連携

　①のシーズンチケットを集合住宅でまとめて販売し、座席あるいは車両にマンション名あるいは開発事業者や管理会社名を載せる。この場合、広告効果分を金銭換算してチケット額を調整することが可能になる。運用自体は①と同様になる。

③都心文化娯楽活動費用との連動

　都心での社会人学習講座、スポーツ観戦や芸術鑑賞のチケットと帰宅時列車着席チケットのセット販売を行うことで、帰宅時需要の時間的な分散を誘導でき、また、都心へのおでかけ頻度の増大を誘導できる。

　以上はあくまで一例であり、ほかにもさまざまな応用が可能である。従来のように、都心と郊外を結ぶ通勤鉄道路線は朝夕のピーク時の混雑を前提とするのではなく、ピーク時間以外での通勤、メインオフィスを目的地としない通勤移動、通勤以外でのさまざまな移動、そしてピーク時でも追加費用を支払いより快適な移動をする等、さまざまな鉄道利用の選択肢を受け入れることができる。これにより、鉄道は、活動・移動需要の時空間的な分散の拡大に貢献できる。量的には大きくはないものの、従前のような劇的な混雑は緩和され、選択肢が常にある状況を用意することができる。

　また、近年では公共貢献として大規模物件に文化機能が付加される事例が見られるようになった。劇場などの文化機能利用者は施設の利用前後の回遊を行う傾向にあるといい、安全に周辺の回遊を楽しめるようになれば、

117

中長期的にエリアの価値が向上する。大規模物件に文化機能が付加されることにより、移動需要はさらに多様化し、全体量も増え、都心での過ごし方もまた多様になり得る。このような局面では、MaaSを活用したさまざまな移動方法の提供、誘導、施設と連携した案内の強化などにより、都市をより元気にすることが期待できる。

2-2.　駐車場の附置義務制度の見直しと空駐車場活用

　都市交通の視点では、鉄道等による移動とともに、自動車による移動にも常に目を向ける必要がある。自動車は移動のほかに荷物の運搬のためにも必要で、それらを受け止める施設である駐車場は、所有している自動車の保管場所としての役割とともに、移動の目的地における一時的な駐車場所としての役割も担う。これらのあり方についても触れておく。

　近年、大規模物件で発生しつつある既存の余剰駐車場は、これまで隅に追いやられていた自転車など高い空間効率性・環境配慮型移動手段のための空間、オンラインサービスが拡大する中で混雑発生の懸念がある物流の荷捌き空間、レジリエンスを高める機能を加えた地震等自然災害発生時の避難場所、今後コンバージョンや建て替えが進むであろう周辺中小オフィスの駐車場設備などとして活用することができる。このことは周辺の物件で新たな機能導入やデザインの検討を行えるようになることにつながり、柔軟なエリアマネジメント実施につながる。

　余剰駐車場は、基本的に居住者中心の利用とし、地域ルールと分担金で運営するのが妥当であろう。鉄道事業者がアプリ、サービス提供者として、開発事業者が空間提供の役割を担うことになる。居住者・テナント以外の利用に広く開放すれば、公共貢献の一環となり得る。

　以上に加え、モビリティハブについても述べておく。バス停や、シェアサイクルのステーション、カーシェアの駐車場等複数の交通手段のための施設が集約された空間は、従前は、交通結節点と呼ばれていたが、近年では、特にシェアリングする交通手段を含めた小規模なものをモビリティハブというようになっている。欧州などでは、街中にそのような機能を持つ空間が出没するようになってきた。

　日本の首都圏では、郊外駅からやや離れた地域において、例えば路線バスの終点の折り返し施設を活用して、そこに日常買い回り向けの商業施設や公共施設を兼ね備えるような空間が登場しはじめている。このような生活拠点となるモビリティハブ事例が現れはじめ、郊外での生活パターンに多様化の兆候が見られるようになった。働き方の変化に伴って、日常のさまざまな活動において選択肢が増えていき、その中で、さまざまな活動（交通計画でいうところの本源需要）と移動（同派生需要）のつながりが、日常生活でより多面的に意識されるようになってきた。これまでは、郊外においては鉄道は長距離通勤のためもの、それ以外の活動は自動車で、というパターンが多かったが、週に何回かは鉄道での近距離移動を行い、他の活動でも鉄道を利用する機会は増えていく流れになる。

　郊外における移動が多様化していくことは、郊外居住における交通手段利用の散らばり、移動時刻の分散につながり、開発における駐車場整備の必要量の見直し、駅前地区の開発密度の見直しの可能性を示唆している。需要の中身が多様化し、カーシェア等、自動車を保有しなくても済む選択肢も用意されている状況が進むと、駐車場の必要台数の考え方が変化する。駅前地区の開発の総量を検討する場合には、ピーク時の需要の集中度合いへの配慮が必要となり、見誤ると朝ラッシュ時に定常的に駅改札で入場規制がなされかねないものの、ピークが分散することで、集中量が減るので、開発総量を増やすことができる。一方で、鉄道事業者やバス事業者が開発事業に自ら乗り出し、その収入が事業を支えていく流れについては、そもそもの開発事業者とどういう面で協調し、どういう面で競争するのかを整理する必要がある。

第8章

コロナ禍の3年間の
総括と未来への示唆

　コロナ禍を経て、我々が考えるところのピークレスな状況が実現した。リバウンドはあったものの、コロナ禍前には実現できていなかったことがいくつも実現し、それらが、我々にとってさまざまな場面での選択肢を提供したことは大きい。鉄道運賃を含め、制度の運用も大きく進展した部分がある。通勤需要というと交通政策面に関心が向かうことが多いが、交通需要が派生需要であることに立ち返るまでもなく、企業の体制が、通勤の実態や通勤に関わるワーカーの行動変容に大きく影響することは間違いない。その意味で、企業への調査をベースにした研究を実施できたことの意義は大きい。

　いくつかの企業はこれまでの動きを加速し、いわゆる働き方改革を進めたと言える。これらの企業はさまざまな施策の効果に確信を得た部分もあり、さらに改革を進めていくものと言える。サテライトオフィスや郊外の住まい方、都心の住まい方、鉄道での移動についてさまざまな選択肢ができ、それらを活用しながら、リモートの効用と対面での効用を組み合わせて進化していくものと考えられる。

　一方で、このようなスタイルになり得ていない大半の企業に解決すべき課題が存在することは忘れてはならない。一つは、現業が中心で、勤務時間やそのシフト体制について、デジタル技術の恩恵をなかなか得ることができない職種である。エッセンシャルワーカーという分類をする場合もあるが、その業態は、医療、教育に始まり、各種メインテナンスに至るまで多様である。コロナ禍を経て、このような職種が極めて重要であることはより明白になり、これらの分野での人材不足は都市を機能不全に陥れるリスクさえある。これらの業種に従事する人材の確保のためには、当面働き方自体が大きくは変革しないのであれば、給与待遇面は当然として、住まい方、そして移動環境において、最大限のケアが必要である。それは企業単独ではなし得ない。何らかの方法で、これらの業種への従事者への配慮が進み、都市のインフラとも言えるメインテナンス機能を確保できることが示されれば、都市機能の持続的な確保が期待できる。

　もう一つは、上記のようなアクションを起こせないわけではないが、起こすには至らない一般の企業である。これらの企業が新しい働き方のためのアクションを起こすかどうかは、それぞれの企業の意思決定次第である。

　しかし、鉄道運賃の変化やその他の外的環境の変化に直面しても、大きくは動かないものと想定できる。

　ワーカーの視点では、そもそも自己裁量で働き方を変更できるワーカーは決して多数ではないことに留意する。住まい方については自己裁量の度合いが大きく、魅力的な選択肢の提供によってこれまでとは異なる住まい方や働き方へ誘導でき、それによって通勤環境が変化し、結果的に活動や移動の時空間的分散にも貢献できる。居住地の選択は、通勤距離のみならず、教育や医療のサービスの質、それらへのアクセスのしやすさからも影響を受ける。都心や郊外駅前を含め、より多様な選択肢が用意されることが望ましい。その際に、フレキシブルオフィス利用層への配慮も重要となる。自宅あるいは住棟内でのワークスペースの充実とともに、自宅とメインオフィス以外の選択肢がどのように提供され得るかで、その選択行動も大きく変化する。環境が整えば利用層は増加し、ピークレスすなわち活動と移動の時空間分散の拡大につながり得る。

　鉄道事業については、危機的な状況下は脱しつつあり、着席等の多様なサービス、運賃制度の多様化等の選択肢も増えている。しかしながら、朝夕に多くの需要を運ぶ基本モデルは大きくは変わらず、コロナ禍を経て若干減便したこともあり、通勤環境の劇的な改善には至っていない。若干の緩和と選択肢の増大で当面は続くと思われる。

　今後は、優等列車を重視しいくつかの集約的な拠点を育成することを重視する路線と、比較的どの駅の開発密度も一定程度確保できていることを踏まえ、それぞれの駅を重視する路線に二分化されていくことが想定できる。単純に言えば、前者は急行や快速列車を尊重する路線で、後者は普通列車や各駅停車を尊重する路線である。この違いは、これまでの都市の成り立ちや経営方針によって決まってくるものである。いずれの場合にせよ、従来に比べて、日中の時間帯に比較的短距離の需要を引き出し続けることが、鉄道事業側としては重要な課題と言える。資源の有効活用の点、東京都市圏の活力保持の点、ピークレスの観点から、そのような方向が期待できる。

　集積は、経済の原動力や国際競争力を高めてきた。しかし、そうした成果は企業の成長には還元されても、ワーカーの勤務環境に対する投資にま

　わすということは慣例化しなかったため、都心に居住できる人、時差通勤・テレワークができる人は、特定の業種や企業の人のみとなってしまっていた。そのリスクがコロナ禍の社会問題で顕在化し、コロナ禍以前から問題とされていた少子高齢化がさらに深刻化しかねない状況にある。コロナ禍を経て東京都内からの転出が増えつつある中でも、東京都市圏は人口の求心力を保っており、新規企業は今後も立地を検討するはずである。混雑をはじめとするいわゆる集積がもたらす外部不経済を軽減するよう、都市づくりの政策を担う地方自治体が企業に対する方針を提示していくことが期待される。

　企業立地の分散化や柔軟な勤務体系のさらなる導入等は、場合によっては企業単独ではなし得ない。それらに対しては、政策・制度の役割が重要になる。例えば、厚生労働省による補助金、中小企業庁による補助金などは機器購入を対象にしているが、サテライトオフィス利用のような場の利用の試用に用いることができるようになれば、その活用はさらに進むだろう。通勤手当に類するものとして企業のサテライトオフィス契約に関わる公的支援（税制上の優遇、認証制度など）が整備され、高質なリモート環境が中小企業にも手が届くように支援されていくことが望ましい。そうした中、受け入れ先となり得る中規模オフィスオーナー側が、選択肢としてサテライトオフィスに注目していくことも期待される。他方でメインオフィスは、対面のコミュニケーションの価値を最大化し、優秀な人材を誘引する環境として、今後も重視されていくと見られる。現在サテライトオフィスに関心がない企業層は、在宅勤務に対して手厚いかメインオフィスに中心的に力を入れる方針と見られる。5.2節でのワーカー向けのアンケート調査からわかるように、3か所以上働く場の選択肢があることがワーカーの満足感につながっていることに留意すべきである。ただし、同じく5.2節での分析からは、リモートワークで生産性の維持ができることは示されているものの、生産性が向上することを証左するほどのエビデンスは得られていない。その点について、我々のダイアリー調査では、知的作業の効率性を高く評価する業種ユーザーの存在を明らかにしており、今後の展開が期待されるところである。

　繰り返しになるが、上記によってピークレス化が進むこと、そうなるよ

うに企業が協力することで、都心居住ができない人、時差通勤・テレワークができない人に対して通勤・勤務に関わる負担の軽減という形で貢献することができる。こうした層は、オフィスワーカーの健康、環境、私生活の楽しみを支えている人々であり、東京の業務活動の集積を支えている。また、そうした人々にも開かれる制度として現場勤務業種向け住宅などを新たに検討していくことを今後の課題として示した。過去の住宅付置義務の結果もたらされたオフィスと住宅の併用物件がどのようになっていったか、学ぶべき点は多いだろう。空室が発生した分だけ住宅を増やすといった近視眼的な取り組みでは、地域全体で戦略的かつ包括的に、ニーズに合わせて住宅供給を増やしていくことは難しい。コロナ禍によって、バブル期に建築された中小規模オフィス物件の需要変動が大きくなった。このことを踏まえ都心での居住推進に抜本的に取り組むとするならば、中小規模オフィスから機能転換して住宅を増やしていく可能性が残されているであろう。これにより都内床面積のおよそ半分、物件数の9割を占めている中小規模オフィスが住宅に変わっていくことになり、都心での住宅供給増加のインパクトは小さくないと期待できる。なお、我々の研究活動では、ピークレスの実現に向けて、例えば遊休化している附置義務駐車場スペースの有効活用や、都心アフォーダブル住宅の導入などをテーマにした事業化についての検討も行ったが、確固たるビジネスモデルを構築するには至っておらず、第7章でもそこまでは触れていない。本格的な事業化や政策実施、制度化を検討することは次の段階での課題として委ねるが、少なくとも深堀すべき分野のアタリをつけることができたことに、本書の意義があると認識している。

　最後になるが、コロナ禍は壮大な社会実験として、ピークレスの流れを創り出し、働き方、住まい方、移動の選択肢拡大に大きく貢献した。現業従事者への対応、高齢者や子育て世代への対応などの課題もあるが、東京を支える企業も鉄道事業者も、それらを支える行政の動きは、大きく期待できるものと言えることは、第7章までで述べてきたとおりである。今後、東京がピークレスな都市として持続・成長していくことは可能であり、その方向に向かっていると言えるが、関係主体が高い意識のもとで関わり続けていくことが重要である。

参考文献

第2章

[1] 一般社団法人日本民営鉄道協会：鉄道用語事典「混雑率」.
     https://www.mintetsu.or.jp/knowledge/term/16370.html（2023年2月8日最終閲
     覧）

[2] 東京都都市整備局：東京の都市づくりのあゆみ.
     https://www.toshiseibi.metro.tokyo.lg.jp/keikaku_chousa_singikai/ayumi.html
     （2023年2月8日最終閲覧）

[3] 国土交通省：三大都市圏の平均混雑率は横ばい～都市鉄道の混雑率調査結果を公表
     （令和元年度実績）～，資料1：三大都市圏の主要区間の平均混雑率推移（2019）.
     https://www.mlit.go.jp/report/press/tetsudo04_hh_000095.html（2023年2月8
     日最終閲覧）

[4] M Kreyenfeld, D Konietzka：Alltagsmobilität und Lebenslauf,*Statistisches Bun-
     desamt, Wie die Zeit vergeht*, 2017.

[5] OECD：HIGHLIGHTS Cities in the World A new perspective on urbanization,
     p.13, 2020.
     https://www.oecd.org/cfe/cities/Cities-in-the-World-Policy-Highlights.pdf
     （2023年2月8日最終閲覧）

[6] 総務省：情報通信白書，第2部ICTが拓く未来社会，図表3-1-1-3 東京圏への人口
     集中度，2015.
     https://www.soumu.go.jp/johotsusintokei/whitepaper/ja/h27/html/
     nc231110.html（2023年2月8日最終閲覧）

[7] 水野真彦：企業はなぜ東京に集中するのか—経済地理学の視点から，特集号 東京
     圏一極集中による労働市場への影響，『日本労働研究雑誌』，No. 718，2020.

[8] 東京都福祉保健局：令和2年 東京都人口動態統計年報（確定数）東京都の合計特
     殊出生率1.12、前年より低下.
     https://www.metro.tokyo.lg.jp/tosei/hodohappyo/press/2022/03/14/11.html
     （2023年2月8日最終閲覧）

[9] 東京都福祉保健局：東京都高齢者保健福祉計画（平成30年度～平成32年度），2018.

[10] 国土交通省：国土交通白書2020 令和2年版，図表I-1-1-9，2020.
     https://www.mlit.go.jp/hakusyo/mlit/r01/hakusho/r02/pdf/kokudo.pdf（2023
     年2月8日最終閲覧）

[11] 国土交通省：平成21年版首都圏白書，図表1-1-4，2009.
     https://www.mlit.go.jp/hakusyo/syutoken_hakusyo/h21/h21syutoken_files/z
     enbun.pdf（2023年2月8日最終閲覧）

第3章

[1] 土堤内昭雄：都心居住を考える，『ニッセイ基礎研究所調査月報』，10月，1989.

[2] 東京都都市整備局：東京の都市づくりのあゆみ.
https://www.toshiseibi.metro.tokyo.lg.jp/keikaku_chousa_singikai/ayumi.html
（2023年2月8日最終閲覧）

[3] 内閣府：地域の経済2017, 第1章 第3節 雇用・労働市場の動向, 第1-3-19図, 2017.
https://www5.cao.go.jp/j-j/cr/cr17/img/chr17_01-03-19z.html（2023年2月8日
最終閲覧）

[4] 国土交通省：平成15年版首都圏白書, 第3節1 表2・表3, 2003.
https://www.mlit.go.jp/hakusyo/syutoken_hakusyo/h15/images/
h15syutoken_006.pdf（2023年2月8日最終閲覧）

[5] 東京都生活文化局：都民生活に関する世論調査, p.50, 2021.
https://www.metro.tokyo.lg.jp/tosei/hodohappyo/press/2022/01/27/
documents/01_02.pdf（2023年2月8日最終閲覧）

[6] 内閣府男女共同参画局：男女共同参画白書 平成28年版, Ⅰ-特-17図, 2016.

[7] 東京都：東京都多様な働き方に関する実態調査（テレワーク）, 2018.

[8] 内閣府男女共同参画局：男女共同参画白書 平成28年版, Ⅰ-特-18図, 2016.

[9] マイナビ転職編集部：フレックスタイム制は本当に働きやすい？ 実態、コアタイ
ム、制度の仕組みを解説, 2018.
https://tenshoku.mynavi.jp/knowhow/caripedia/65/（2023年2月8日最終閲覧）

[10] 国土交通省：国土交通白書2015, 第2章 第1節 ヒト・モノ・カネ・情報の流れ,
図表2-1-5, 2015.
https://www.mlit.go.jp/hakusyo/mlit/h26/hakusho/h27/（2023年2月8日最終閲
覧）

[11] 国土交通省：国土交通白書2015, 第2章 第1節 ヒト・モノ・カネ・情報の流れ,
図表2-1-15, 2015.
https://www.mlit.go.jp/hakusyo/mlit/h26/hakusho/h27/（2023年2月8日最終閲
覧）

[12] 国土交通省：国土交通白書2015, 第2章 第1節 ヒト・モノ・カネ・情報の流れ,
2015.
https://www.mlit.go.jp/hakusyo/mlit/h26/hakusho/h27/（2023年2月8日最終閲
覧）

[13] 中小企業庁：中小企業白書2015年版, 2015.

[14] 総務省：統計局統計 Today No181, 図1, 2022.
https://www.stat.go.jp/info/today/pdf/181.pdf（2023年2月8日最終閲覧）

[15] 株式会社リクルート：コロナ禍2年目 東京在住者 地方・郊外移住、46.6%が興味
あり 障壁は『仕事面の不安』が最多 テレワークの継続実施に関心, 2021.
https://www.recruit.co.jp/newsroom/pressrelease/2021/0916_9555.html（2023
年2月8日最終閲覧）

[16] 内閣府：日本経済2021-2022, 2022.

[17] 国土交通省：令和3年度全国都市交通特性調査結果（速報版）.
https://www.mlit.go.jp/report/press/content/001573783.pdf（2023年2月8日最
終閲覧）

[18] 国土数値情報ダウンロードサービス「交通流動量 パーソントリップ発生・集中量データ」(第2.2版), 関東圏 世界測地系 平成22年度. https://nlftp.mlit.go.jp/ksj/gml/datalist/KsjTmplt-S05-a-v2_2.html（2023年2月8日最終閲覧）

[19] 国土数値情報ダウンロードサービス「交通流動量 パーソントリップOD量データ」(第2.2版), 関東圏 世界測地系 平成22年度. https://nlftp.mlit.go.jp/ksj/gml/datalist/KsjTmplt-S05-b-v2_2.html（2023年2月8日最終閲覧）

[20] Ned Levine (2015). CrimeStat: A Spatial Statistics Program for the Analysis of Crime Incident Locations (v 4.02). Ned Levine & Associates, Houston, Texas, and the National Institute of Justice, Washington, D.C. August.

[21] 三鬼商事株式会社：オフィスマーケット. https://www.miki-shoji.co.jp/rent/report（2023年2月8日最終閲覧）

[22] CBRE：ジャパンレポートーポストコロナの東京オフィスマーケット 2022年4月, 2022.

[23] 三幸エステート:相場データ：東京都 2022年11月. https://www.sanko-e.co.jp/data/tokyo/（2023年2月8日最終閲覧）

[24] 野村不動産ソリューションズ：東京都内のテレワークの状況と空室率（第2回）〜ビル規模別空室率の現状と今後〜, 2022. https://www.nomu.com/cre-navi/trend/20220315.html（2023年2月8日最終閲覧）

[25] ザイマックス不動産総合研究所：オフィスピラミッド 2022, 2022.

[26] ザイマックス不動産総合研究所：ビルオーナーの実態調査 2021, 2021.

第4章

[1] 内閣官房：新型コロナウイルス感染症緊急事態宣言の実施状況に関する報告, p.5, 2020. https://corona.go.jp/news/pdf/houkoku_r031008.pdf（2023年2月8日最終閲覧）

[2] 内閣府：日本経済 2021-2022, 2022.

[3] 日本経済新聞：死亡数、コロナ余波で急増 震災の11年上回るペース 宣言長期化で受診控えも 心不全や自殺、大幅増, 2021. https://www.nikkei.com/article/DGKKZO78321820Z01C21A2CM0000（2023年2月8日最終閲覧）

[4] 北川諒, 野村裕：コロナ禍での人々の生活満足度の動向について—緊急事態宣言が及ぼした影響の識別—, ESRI Discussion Paper, No. 370, 2022.

[5] 内閣官房 成長戦略会議事務局：コロナ禍の経済への影響に関する基礎データ, 2021. https://www.cas.go.jp/jp/seisaku/seicho/seichosenryakukaigi/dai7/siryou1.pdf（2023年2月8日最終閲覧）

[6] 経済産業省：新型コロナウイルスの影響を最も受けた「生活娯楽関連サービス」とは.

https://www.meti.go.jp/statistics/toppage/report/minikaisetsu/hitokoto_kako/20200728hitokoto.html（2023年2月8日最終閲覧）

[7] 経済産業省：テレワークが産業に与える影響；事業継続に強い力を発揮.
https://www.meti.go.jp/statistics/toppage/report/minikaisetsu/hitokoto_kako/20220218hitokoto.html（2023年2月8日最終閲覧）

[8] 内閣府：地域の経済2016，第2章(3) 第2-3-5表，2016.
https://www5.cao.go.jp/j-j/cr/cr16/pdf/chr16_2-3.pdf（2023年2月8日最終閲覧）

[9] 内閣府男女共同参画局調査室 コロナ下の女性への影響と課題に関する研究会：報告書～誰一人取り残さないポストコロナの社会へ～，2021.

[10] 三浦詩乃，三牧浩也，中村文彦，北崎朋希，大森啓史，湯川俊一：東京都心オフィスワーカーの働き方および通勤形態の特徴と将来の定着可能性に関する研究，『交通工学論文集』，2023公開予定.

第5章

[1] 小沢理市郎：コロナ禍における暮らし方・働き方の価値変化と不動産・まちづくりへの影響，Best Value，Vol. 35，2021.

[2] 国土交通省：東京一極集中の是正方策について.
https://www.mlit.go.jp/policy/shingikai/content/001374933.pdf（2023年2月8日最終閲覧）

[3] 文部科学省：学校基本調査，2021.

[4] 日本総合研究所：東京圏で暮らす高学歴女性の働き方等に関するアンケート調査結果（報告），2015.

第6章

[1] 三井不動産東大ラボ：ピークレスWG 専門家ワークショップ開催しました（2022.02.07）.
https://mfut-lab.ducr.u-tokyo.ac.jp/news/（2023年2月8日最終閲覧）

[2] NHK：鉄道会社決算 9割近くが運輸事業で赤字 コロナで利用客減，2022.
https://www3.nhk.or.jp/news/html/20220529/k10013648501000.html（2023年2月8日最終閲覧）

[3] 国土交通省：第5回鉄道運賃・料金制度のあり方に関する小委員会.
https://www.mlit.go.jp/policy/shingikai/s304_arikata02.html（2023年2月8日最終閲覧）

[4] 日本総合研究所：東京圏で暮らす高学歴女性の働き方等に関するアンケート調査結果（報告），2015.
https://www.jri.co.jp/MediaLibrary/file/column/opinion/pdf/151118_tokyoken.pdf（2023年2月8日最終閲覧）

第7章

[1] 三浦詩乃，三牧浩也，中村文彦，北崎朋希，大森啓史，湯川俊一：東京都心オフィスワーカーの働き方および通勤形態の特徴と将来の定着可能性に関する研究，『交通工学論文集』，2023公開予定.

[2] 三牧浩也，相尚寿，三浦詩乃，本間健太郎，中村文彦，北崎朋希，大森啓史，湯川俊一：沿線住民の移動距離推計からみる郊外駅におけるサテライトオフィス供給の社会的効果に関する研究，第66回土木計画学発表会・秋大会，2022.

[3] Mayor of London : The London Plan 2021, Greater London Authority.
https://www.london.gov.uk/sites/default/files/the_london_plan_2021.pdf（2023年2月8日最終閲覧）

[4] City of Westminster : Affordable Workspace Draft Informal Planning Guidance Note.
https://www.westminster.gov.uk/media/document/
draft-informal-guidance-note-on-affordable-workspace-wcc-march-2022（2023年2月8日最終閲覧）

[5] 北崎朋希：ニューヨーク市におけるアフォーダブル住宅の供給促進を目的とした金融支援・税制措置・容積率緩和の有効性に関する研究，日本都市計画学会都市計画報告集，No.19，pp.162-165，2020.

索引

著者紹介

中村 文彦 （なかむら ふみひこ）

東京大学大学院新領域創成科学研究科スマートシティデザイン研究社会連携講座特任教授、工学博士
1989年東京大学大学院工学系研究科博士課程中退、同年より東京大学助手、横浜国立大学助教授、横浜国立大学教授を経て、2021年より現職。
専門は、都市工学、都市交通計画、公共交通政策。
全体編集担当
執筆担当：1、2.1、2.4、3.1、4.4、6.1、6.2、6.3、7.1、7.4、8

三浦 詩乃 （みうら しの）

東京大学大学院新領域創成科学研究科スマートシティデザイン研究社会連携講座特任助教、博士（環境学）
2015年東京大学大学院新領域創成科学研究科を修了。同年より横浜国立大学大学院都市イノベーション研究院助教を経て、2020年より現職。
専門は、公共空間のデザインマネジメント、都市デザイン。
全体編集補助担当
執筆担当：2.3、3.2、3.3、4.1、4.2、4.3、5.1、5.3、6.3、6.4、7.2、7.3、8

三牧 浩也 （みまき ひろや）

東京大学大学院新領域創成科学研究科特任研究員、柏の葉アーバンデザインセンター副センター長
2001年東京大学 大学院工学系研究科都市工学専攻修了。同年、（株）日本都市総合研究所入所。2010年よりUDCK専任副センター長に就任し、2016年からは一般社団法人UDCイニシアチブ理事。2020年より東京大学大学院新領域創成科学研究科特任研究員。技術士（建設部門）。
専門は都市デザイン。
全体編集補助担当
執筆担当：2.2、6.3、7.2、7.3、7.4

本間 健太郎 （ほんま けんたろう）

東京大学生産技術研究所准教授、博士（工学）
2011年東京大学工学系研究科建築学専攻博士課程修了、同年東京大学生産技術研究所博士研究員、2012年東京理科大学工学部第一部ポストドクトラル研究員、2013年東京大学生産技術研究所特任助教、2015年同助教、2018年東京大学空間情報科学研究センター講師、2019年東京大学生産技術研究所准教授（現職）。
専門は、建築計画、都市解析、空間デザイン数理。
執筆担当：5.2

相 尚寿 （あい ひさとし）

昭和女子大学人間社会学部専任講師、博士（工学）
2010年東京大学大学院工学系研究科都市工学専攻博士課程修了。同年同専攻特任助教、2012年首都大学東京都市環境学部助教、2016年東京大学空間情報科学研究センター助教などを経て、2022年現職。
専門は、空間情報科学、都市解析、観光者行動解析。
執筆担当：3.3

北崎 朋希 （きたざき ともき）

三井不動産株式会社開発企画部街づくり業務グループ、博士（工学）
2006年筑波大学大学院環境科学研究科修了後、同年（株）野村総合研究所入社、2015年から2017年まで三井不動産アメリカ（株）、2018年から三井不動産（株）で都市政策や不動産開発・投資に関する調査研究に携わる。2015年から筑波大学システム情報系社会工学域非常勤講師を務める。
専門は、都市開発、土地利用規制・誘導手法。
執筆担当：2.2、7.4

◎本書スタッフ
編集長：石井 沙知
編集：石井 沙知
図表製作協力：安原 悦子
表紙デザイン：tplot.inc 中沢 岳志
技術開発・システム支援：インプレス NextPublishing

●本書に記載されている会社名・製品名等は，一般に各社の登録商標または商標です。本文中の©，®，TM等の表示は省略しています。

●本書の内容についてのお問い合わせ先
近代科学社Digital　メール窓口
kdd-info@kindaikagaku.co.jp
件名に「『本書名』問い合わせ係」と明記してお送りください。
電話やFAX，郵便でのご質問にはお答えできません。返信までには，しばらくお時間をいただく場合があります。なお，本書の範囲を超えるご質問にはお答えしかねますので，あらかじめご了承ください。

ピークレス都市東京

2023年3月10日　初版発行Ver.1.0

著　者　中村 文彦,三浦 詩乃,三牧 浩也,本間 健太郎,相 尚寿,北崎 朋希
発行人　大塚 浩昭
発　行　近代科学社Digital
販　売　株式会社 近代科学社
　　　　〒101-0051
　　　　東京都千代田区神田神保町1丁目105番地
　　　　https://www.kindaikagaku.co.jp

印刷・製本　京葉流通倉庫株式会社
Printed in Japan

ISBN978-4-7649-6057-2

近代科学社 Digital は、株式会社近代科学社が推進する21世紀型の理工系出版レーベルです。デジタルパワーを積極活用することで、オンデマンド型のスピーディで持続可能な出版モデルを提案します。

近代科学社 Digital は株式会社インプレス R&D が開発したデジタルファースト出版プラットフォーム "NextPublishing" との協業で実現しています。